AI時代的思考與寫作

三意AI思創塾(WMBA)的思索與實踐

吳仁麟✕李慶芳————總策劃

【推薦序】
全心擁抱 AI 與全新的未來

東吳大學校長暨法律學系教授 **潘維大**

　　仁麟老師是我相交多年的好友，他是一位極具創造力、思考力及執行力的學者，長年在《經濟日報》撰寫「點子農場」專欄，分享研究觀察心得，曾獲得「中華民國傑出新聞人員獎」，亦是「聯合報系媒體創新研發中心」創辦人。

　　當前生成式人工智慧大興，未來發展方興未艾，但到底何謂生成式人工智慧？我們應如何利用，或是否需擔心將取代人類工作？仁麟老師在本書中都有詳細的探討，並將人工智慧與生意結合，同時加入人文素養及創意思考。讀者透過本書不僅能學習如何使用生成式 AI 技術，也可以進一步了解此種生成式 AI 將如何幫助自己創新發想。

　　本人在教學時，也會要求學生在課堂報告必須使用 ChatGPT，並且在報告時完整敘述如何使用此種工具、提

出何種問題、生成式 AI 給出何種答案，經閱讀後再次修改或再提出其他限制性問題，透過不斷地反覆提問修正，使生成式 AI 能夠協助學生釐清、聚焦與撰寫論文。

有些人擔心此種生成式 AI 工具使用，是否會造成學生停止思考或學習，導致習慣伸手就能獲得解答？但事實並非如此，生成式 AI 採用機器學習模型技術，必須經過完整地思考，不斷的檢討修正對話，再經過全面檢視，才能得出較合適的資料。這個過程不但可激發作者的創意，並且能幫助作者組織、規劃、設計整個問題與文章架構，因此善用生成式 AI 技術，將能達到事半功倍的效果。

本書是仁麟老師開設「三意 AI 思創塾」的創意成果，「三意 AI 思創塾」協助博碩士生一起精進思考與寫作能力，希望將研究納入生活，並且撰寫成論文。因此本書是集體創作的成果，定能帶給讀者更多的啟發。

人工智慧並非毒蛇猛獸，在學術界中每一個人都應該要善用此種工具來幫助自己提升，而非一律的排斥。只有「全心」地擁抱新科技，才能從「全新」的科技中得到最大效益。

【推薦序】
看見新普世價值──用科技播種結成的人文果實

台灣地方創生基金會董事長、國家發展委員會前主任委員 **陳美伶**

　　認識仁麟兄雖然是最近三、四年的事，但身為他耕耘十多年，每週固定在《經濟日報》發表的「點子農場」專欄的讀者，對他早已一見如故。

　　專欄中他分享新知，不斷的提醒我們，應該關注新的科技發展與趨勢。從他的文章中我發現，他接受新科技的速度超乎我的想像，他對土地的關心與體悟也常令我感動。這就是骨子裡有很深人文素養及對新科技學習飢渴的展現，真實、務實、踏實，一點都不虛假。十年多專欄累積的新知與啟發，不也正是臺灣發展的縮影！

　　2019 年是臺灣地方創生元年，當政策形成時，我提出「三個核心價值」及「五支箭執行策略」，來打造原生版的臺灣地方創生計畫，期待透過以人為本，找出地方產業

DNA，來解決臺灣區域發展不均衡的結構性議題。

其中核心價值與五支箭中同列「科技導入」，主要是看到科技發展帶動新經濟的發展，與數位轉型對臺灣中小企業的挑戰。加上我們的下一代，這些網路原生代，未來不論 AI、AR、VR、Blockchain、大數據、新能源等，都將是他們生活的日常。所以，地方創生作為一個整合型的國家計畫，自然應將「科技導入」置入其中。

仁麟兄認為，要用科技導入解決臺灣國土不均衡發展，不就是「從泥土到雲端」的議題嗎？基於此，我們有更多的對話與交流，為的就是要找出最適切的解方。

三年疫情加速全世界的數位轉型，數位經濟更是人類的未來。線上線下的虛實整合，兼顧科技（效率、成本減輕、價值傳遞、信任與公開透明）與人文（互動、交流、溫度）的優勢，區域、地點不再是障礙，透過「智慧化」可以隨處發生，偏鄉議題自然可以消弭於無形。

移動自如的結果，相信可以吸引更多人往鄉村移動，找到好山好水的地方定居下來，讓自然與人文、工作與生活可以平衡，最終達到城鄉的平衡。

仁麟兄這本書談的也是科技導入，他和他所指導的博碩

士學生，探索也實踐了把 AI 引入學術研究的心智活動裡。這樣的思維，其實也如同地方創生和科技的對話，驗證了三種可能：

一、科技資源導入：運用科技資源解決問題，特別是面對少子女化和高齡化社會的挑戰，地方創生需要運用科技來面對各種挑戰，及解決當下所面臨的各種問題，例如氣候變遷。

二、智慧科技運用：如何運用科技，讓人更有智慧，而不是被科技弱化人的價值與能力。如同這本書所探索的主題，AI 可以讓人的思考和執行力變得更強。

三、科技人文提升：科技始終來自人性，科技中應挹注人文思維，提升人的品質與素養，社會才能和諧，世界才能和平。

期待看到更多朋友持續關注和協助推動臺灣的地方創生，用科技播種在泥土，期待開出人文的花朵與果實。祝福仁麟兄的書可以大賣！

AI 的人文化與人文的 AI 化

中央研究院資訊科技創新研究中心主任 **黃彥男**

　　每次在中研院和仁麟兄見面聊天或開會，我們總是很自然的會從人文出發來聊 AI。就如同他過去十多年來一直在推動的「三意」理念，以公益為目的，用創意來轉動生意，讓這三意成就生生不息的善循環。

　　很高興看到仁麟兄帶領幾位優秀博碩士生同學寫出這本書，他自己並以身作則，進一步在書裡論述「三意人文創新」，這些文章也讓人深思 AI 的種種人文議題，比如「AI 的人文化」與「人文的 AI 化」。

　　「AI 的人文化」與「人文的 AI 化」是兩個看似相似、但實際上略有不同的概念。

　　「AI 的人文化」強調將人工智慧融入到各個領域中，同時保持人類價值、情感、道德和文化等方面的元素。在這

個理念下，AI 不僅僅是冰冷的技術，而是可以與人類共同發展的夥伴；而「人文的 AI 化」則著眼於將人文領域的觀念、價值觀和方法，融入到 AI 技術的開發和應用中。這意味著在設計 AI 系統時，需要考慮人類的文化、情感和社會背景，以確保技術更好地滿足人類需求。

借鑒美國哈佛等一流大學的經驗，我們應該深入思考臺灣應有的思考與行動。在美國各頂尖大學，教授們已經認識到 AI 技術的潛力，不僅在理工科領域，就連人文領域都在探索如何將 AI 運用於研究和創新中。例如利用 AI 處理大量歷史檔案，為社會科學研究提供了新的途徑。

在臺灣，雖然我們還在討論 AI 的應用階段，但我們也應該逐步將 AI 技術引入各個領域，讓 AI 與人文價值得以緊密相連。

值得強調的是，**科技的目的永遠是人**。AI 應該是一種能夠讓人類更進步的科技，而不是讓人弱化甚至失去價值的工具。在推動 AI 發展的過程中，我們應該保持對人的尊重和關懷，確保技術的發展能夠更好地服務於人類的需求和福祉。同時，我們也應該不斷思考 AI 技術在人類社會中的合適應用，如何保障隱私、道德和文化的平衡。

「AI 的人文化」與「人文的 AI 化」的思想，在臺灣應該得到更多的重視和實踐。我們應該以開放的心態，鼓勵不同領域的人士參與到 AI 技術的開發和應用中，創造出更加富有人文關懷的科技未來。

　　無論是在教育、醫療、文化還是其他領域，AI 都可以成為協助人類進步、服務人類社會的強大夥伴。透過將「AI 的人文化」與「人文的 AI 化」理念融入到臺灣的科技發展中，我們可以共同開創一個更加人本、包容和有益的未來。

【推薦序】
AI 和人文的火花

Appier 執行長暨共同創辦人 **游直翰**

　　我們身處於充滿變革與挑戰的時代，在這個多元且高速變遷的環境下，也為教育迎來了全新的可能性。

　　看到點子農場創新顧問公司執行長吳仁麟與實踐大學國際貿易系教授暨系主任李慶芳，攜手將 AI 的科技思維帶入課程中，鼓勵同學們結合 AI 技術與人文素養，精進自身的寫作與思考能力，在商業或是 ESG 公益領域，激盪出更多具有參考價值的觀點與知識。

　　這讓我覺得學術寫作不再束之高閣、生硬艱澀，而是能夠展現更寬廣的包容與合作精神，強調學術與現實的結合，讓「Writing」（寫作力）、「Wisdom」（思考力）和「Wine」（生活力）三大元素相互交織，為社會的進步帶來源源不斷的創新動力。

ChatGPT 與多樣化生成式 AI 工具的爆發性創新，讓大家意識到 AI 的影響力。市場研究機構 Gartner 預測，到了 2025 年，大型組織仰賴生成式 AI 產出的行銷內容將高達 30%，而在 2022 年這項比例只占 2%；到了 2026 年，有超過 1 億人將聘請機器人同事協助他們的工作。

　　可見 AI 科技在不久的未來，將成為每個人都必須具備的技能，學習運用 AI 工具，提升學習、工作與創作的效率。

　　同時，AI 也有其目前還不能取代人類的地方，那就是跳躍式創新及最終決策的能力，當人們仰賴 ChatGPT 為生產效率提速的同時，人們反而要更加專注於培養自己獨立思考與決策判斷的能力，從爬梳資料的過程中開闊視野，學習觸類旁通，激發創意思維，才能真正「創作」出讓人眼睛為之一亮的作品。

　　在閱讀本書的過程中，我感受到每個學員對各自領域學術知識的深度與廣度，及其體察人文、科技、專業領域的情感與思索。這不僅是一場對教育與科技的探索，更是對未來學術教育的展望。

　　人類智慧與創新無限，而當科技的驅動與人文的力量相

互交融，嶄新的教育模式與概念便在其中孕育而生，讓我們隨著這本書的脈絡，一同思考、寫作，並體會 AI 和人文碰撞所激發出的火花。

【自序】

當 AI 遇到 MBA，關於這本書

吳仁麟

與慶芳合作，創辦了「三意 AI 思創塾」。

「三意 AI 思創塾」協助 EMBA 和博碩士生朋友精進思考和寫作力，同時也一起共享美食美酒和旅行的生活種種。幫助許多正在和博碩士論文搏鬥的朋友們，把研究納入生活，順利的寫出論文，也讓論文寫作的過程有更高的附加價值。

透過十週的課程，「三意 AI 思創塾」的學員與 AI 協作，穩定每週產出 1,000 字，並且大家一起合作出版一本書。這個學程不僅可以幫助學生更理解 AI 技術的應用和發展，同時也提高學生的創意和人文素養。進而促進公益和商

業的發展，是一個結合 AI、創意和公益的商學創新學程。

　　這個學程，又有個名字叫「WMBA」，其中的 W 代表「Writing（寫作力）」、「Wisdom（思考力）」和「Wine（生活力）」，希望能為傳統 EMBA 教育做補強和銜接。我們相信，EMBA 教育需要更關注寫作和思考的能力，以及分享生活中的美好經驗和情感，進一步幫助學生們成為全面性的領袖和創新者。

　　WMBA 也在不斷努力探索創新的學術研究方式，透過 AI 的協助，提升學員的思考和寫作能力。同時，WMBA 也協助學員在寫論文的過程中，在媒體發表各階段的研究心得，以吸納更多的研究能量。

　　這些在研究過程中所發表的文章，不僅可以成為論文的材料，還記錄了研究者在寫作過程中的所見所思所感。而最後所集結出版的專書，更是一份珍貴的學術成果和人生紀念品，可以和親朋好友分享得到學位的喜悅。

　　在學程中，我們把 AI 科技與人文創新力結合起來，創造出具有公益價值和商業價值的點子與論述。

　　事實證明，AI 技術和人文創新力是可以相輔相成的，透過這樣的學習模式，學生們可以更好地理解 AI 技術的應

用和發展，同時提高創意和人文思考的能力。AI 除了是我們用來訓練思考和寫作的工具，也是重要的關注議題，為大家隨時更新 AI 世界的動態。

在上課的過程中，常有同學問我，學術論文的寫作真的能通俗化嗎？我的回答也總是肯定的。

《紐約客》雜誌的王牌專欄作家格拉威爾（Malcolm Gladwell）的作品是一個很好的例子。他的著作，包括《引爆趨勢》、《決斷 2 秒間》和《異數》，這些作品挑戰了大眾過去一直的認知，重新詮釋歷史事件，挑戰主流的解釋。

例如在《解密陌生人》，他探討了人類行為的複雜性和影響我們準確判斷他人的偏見。他的作品以當代實例、歷史事件和神話故事為素材，結合來自心理學和社會學的學術研究，寫得引人入勝且有說服力。

他的作品鼓勵讀者更深入了解周圍的世界，質疑習以為常的假設，並考慮多個觀點。

所以，學術研究論文的寫作當然也可以通俗化，讓更多的人能夠理解和參與學術世界。

知識本身並沒有大眾和菁英的分別，當越來越多的人能

輕易透過研究和寫作來表達自己的想法和觀點，EMBA 和商學教育也要更加強調寫作和思考的重要性。這也正反映了當前社會的需求，具備更多的寫作和思考能力，才能更好理解和應對未來。

WMBA 不僅關注寫作和思考能力，也重視生活中的美好經驗和分享。透過這個學程，我們希望學生們能夠更好理解和應對未來的挑戰和機遇，並在創意、公益和商業等多個方面做出突破性的創新。

我們始終相信，學術研究和現實世界應該是融合在一起的。

/ 目次 /

第一章 三意人文創新 / 吳仁麟

第二章 當 AI 走進學術研究的世界 / 李慶芳

第五章 時尚產業的美麗與哀愁 / 葉懿慧

三意人文創新

- 什麼是三意人文創新
- 三意人文創新的歷史和演變
- 三意人文創新的商業模式
- 三意人文創新與 ESG
- 三意人文創新與地方創生
- 三意人文創新與數位轉型
- 三意人文創新與高等教育
- 三意人文創新與數位智能社會

關於作者

吳仁麟

WMBA（三意 AI 思創塾）創辦人，「三意人文創新」論述倡議人，「點子農場」創意顧問公司執行長，專精致力於為企業提供創新顧問服務，並擔任企業高階主管三意教練。

創辦「三意人」公共智庫與相關三意生活美學平臺，以「三意理念」來融合「創意」、「公益」與「生意」，協助企業創新發展。

長年在《經濟日報》書寫「點子農場」專欄，分享趨勢潮浪的觀察與研究心得，「中華民國傑出新聞人員獎」得主與「聯合報系媒體創新研發中心」創辦人。

什麼是三意人文創新

　　20 年前，我進了政大商學院，開學之前讀了前教育部長吳思華老師的《策略九說》。我除了對策略產生了興趣，也成了他的學生，更在他的指導下寫完論文畢業。

　　受教於吳老師之後，我在策略學術世界的旅行有了一些滿特別的經歷，和明茲伯格、野中裕次郎、陳明哲這幾位大師級學者都見面請益過。

　　我發現，這些世界頂尖的管理學者都有同樣的共識，他們都認為企業的使命是造就更好的社會，而不只是為股東創造獲利。因為一個能向社會負責的企業，也會有更好的公司治理和經營效能，而這一切，都要靠創意來完成。

　　於是我開始研究發展三意創新的論述，希望幫助個人、企業和國家更創意、更公益也更生意。

　　始終相信，追求永續的文明與繁榮，是人類社會千古不變的發展方向。多變的時代，人類不斷地創新以迎接各種挑

戰。創新不僅僅是指技術或商業上的創新,更重要的是社會創新,社會必須不斷創新才能永續。

因此,三意人文創新在我腦海裡慢慢成型,以創意同時發展公益和生意,創造善循環。在臺灣,三意創新理念和人文創新理念對社會創新的發展,是兩大關鍵方向。

三意人文創新理念的核心,是創新的過程中必須同時考慮公益和生意,這就是所謂的「三意」:創意、公益和生意。三個面向相互支持,互為因果,推動永續的發展。

創意意味著新想法、新技術和新產品的創造;公益意味著社會責任和對社會的貢獻;生意意味著經濟效益和企業的永續發展。三意人文創新強調的是,創新不僅僅是為了追求商業成功,還必須關注社會責任和可持續發展。

三意人文創新理念,是為了讓臺灣社會走向永續、包容、繁榮和創新的方向。這需要政府、企業和個人的努力和貢獻,透過創新和合作來實現三意理念,並推動臺灣社會的進步和發展。

同時關注經濟、社會和環境的可持續性發展,讓社會創新得以長期發展。而結合吳思華老師的人文創新理念,更可以引領我們更加關注人的本質,重視人的價值與情感,促進

社會的進步。三意創新與人文創新所結合的三意人文創新的理念的實踐，將為臺灣創造更繁榮、更美好的未來。

在臺灣，除了 ESG、CSR 這些顯學，還有許多企業和非營利組織開始實踐三意人文創新的理念，不斷推動社會創新，打造更加美好、可持續的社會。政府也在積極推動這個方向，例如透過綠色能源政策和社會企業法，促進永續發展和社會創新。

期待未來能夠看到更多的個人、企業和政府將三意人文創新的理念落實，推動臺灣的社會創新和可持續發展，為人類社會的永續發展作出貢獻，如同近年來許多臺灣企業致力於推動 ESG。

三意人文創新和 ESG，都是企業在推動可持續發展方面的重要概念，但是它們的重點有所不同。

三意人文創新的概念強調了創新和社會責任的整合。三意人文創新指的是創意、公益和生意的結合，強調企業在追求商業成功的同時，也必須關注社會責任和可持續發展。

在實踐三意理念的過程中，企業需要注重社會創新，透過創新思維和方法解決社會問題，改善社會狀態，實現永續的文明和繁榮。

相比之下，ESG 更關注企業在經營過程中如何管理風險、履行社會責任和推動環境、社會和治理等方面的可持續發展。ESG 是綜合評估企業在經營過程中對環境、社會和治理等方面的表現，進而對企業進行評價和投資決策。

三意人文創新著重企業在商業創新和社會責任之間的平衡，注重透過創新思維和方法解決社會問題，推動社會創新，實現永續發展。而 ESG 則注重企業在經營過程中對環境、社會和治理等方面的表現，進行評價和投資決策。

企業在推動可持續發展時，通常需要考慮到多個因素，包括商業創新、社會責任和環境等，這也意味著三意和 ESG 在這些方面都可以互補。

三意人文創新的歷史和演變

三意人文創新的理念像一棵大樹，在十多年的灌溉下，長成今天的格局。

回想起來，除了吳思華老師對我的影響，和三位老師的對話，都對我有著關鍵性的啟發。

明茲伯格、野中裕次郎、陳明哲，拜訪這三位分布在地球不同角落的大師時，他們都不約而同的告訴我，以人為本、人性思考、人道關懷，商業的起點和終點都該關注人。

三意人文創新的起源可以追溯至 2009 年，當時我開始在《經濟日報》寫「點子農場」，這個專欄每週寫一次，就這樣一直寫到了今天。因為寫這個專欄，我也有機會陸續採訪世界各地的產、官、學菁英，幸運的經歷了一場漫長而珍貴的學習。

我始終相信，企業不應只考慮獲取利潤，而是應該更關注人的需求，進而回饋社會，這是商業存在的真正意義。公

益永遠是最好的生意，真心關心社會大眾利益的企業，永遠會得到消費者最大的支持。

三意人文創新的理念，經過多年的實踐和傳承，如今已成為一個商業哲學體系。其中最重要的核心理念是「以人為本」，也就是把人放在商業的中心，以人性思考、人文關懷為導向，以建構有意義的商業為目標。

明茲伯格老師的理論對三意人文創新的發展有著巨大的影響。他提出了人的需求層次理論，強調人的需求是層層進階的，並且不斷變化。因此，企業應該瞭解並滿足員工、顧客和股東等各種人的需求，進而實現企業和社會的共同發展。

野中裕次郎老師則提出了知識管理的理論，強調知識是企業競爭的核心。他認為知識不僅僅是紙上談兵，而是需要實際的應用和管理，人是創新最重要的元素。這也是三意人文創新一直在推廣的理念之一，透過建立有意義的知識體系，來實現企業的可持續發展。

陳明哲老師強調企業需要負起社會責任，讓社會大眾相信企業的價值並得到支持。他認為企業應該主動參與社會公益活動，將商業與社會之間的關係建立在互信與共生的基礎

上，這樣的思想觀念，在現今的企業社會責任中也得到廣泛的應用。

　　這三位大師的思想，為三意人文創新的發展打下了堅實的基礎。在其理念的指引下，三意人文創新不斷演進，包括創新商業模式、注重品牌塑造、重視企業文化等方面。如今，三意人文創新的理念已廣泛應用於各行各業，成為許多企業所追求的重要價值觀。

　　三意人文創新的理念是以人為本，尊重人性和人的多元性，強調人道關懷，並以此為商業發展的基礎。

　　三意人文創新的歷史和演變，充分體現了這一理念的重要性。作為現代企業，我們需要從這些思想中汲取啟示，將人性思考、人文關懷融入到企業的發展中，讓商業成為為社會創造價值的工具。

　　一切以人為本，企業才能在不斷的變革中，不斷繁衍生息，成為一棵茁壯成長的大樹。

三意人文創新的商業模式

　　1991 年，周吳添創辦了臺北金融研發基金會，那時政府陸續開放了十六家新銀行設立，銀行工作更是人人欣羨的金飯碗。但是他已經看到金融產業可能面臨的危機，明白這個產業即將進入戰國時代，最需要也最缺乏的是創新，而知識更是創新的基礎。

　　如今，臺北金融研發基金會已經成為臺灣金融業最重要的教育訓練平臺，不僅培育出許多人才，更是推動創新的重要力量。

　　今天，周吳添更清楚地看到，不只是金融產業需要創新，其他行業也需要更多的創新。特別重要的是結合三意人文創新商業模式，這種商業模式的核心精神就是人文創新，目標是讓社會與企業都能不斷地價值創新，持續成長並提高附加價值。

　　著重於人的需求和文化發展，不僅可以持續降低成本

提高效益，同時也能同步提高生活和生命品質。這也是歐、美、日等先進國家從過去到今天和未來一直在努力的方向，這些國家工時越來越短、工資卻越來越高的關鍵，就是以人文創新來驅動產業和社會創新。

特別是在出版業、媒體業和文創產業走到低谷的年代，更要為社會人文集思廣益，找到新的商業模式。這些產業都是建構一個國家文化的火車頭產業，如果不能健康的發展，我們每個人都會是受害者。許多經驗早已經證明，一個不重視人文與知識和創新的社會，絕對不會有前途。

三意人文創新商業模式已經成為全球的普世價值。從過去 CSR（企業社會責任）到即將在臺灣全面實施的 ESG（環境與社會治理），都是某種意義上的「**三意人文創新商業模式**」，體現了企業對社會和環境負責任的承諾，並且透過創新的商業模式，來推動社會和企業的共同發展。

近年來，ESG 已成為全球企業和投資者關注的熱門話題。在 ESG 的架構下，企業需要考慮環境、社會、治理等方面，從而對企業經營產生深遠的影響。

而在這些方面，三意人文創新商業模式已經展現出了其強大的優勢。透過人文創新，企業可以在社會中發揮更大的

價值，進而實現商業成功和社會責任的平衡。

在這個商業模式下，企業需要著重於價值創新，透過創造更多的附加價值來實現商業成功。同時，企業還需要關注成本削減，提高效益，讓企業能夠在競爭激烈的市場環境中保持競爭力。

在此基礎上，企業還需要關注社會責任和環境保護等方面，透過人文創新來推動企業和社會的共同發展。

三意人文創新商業模式同時也將人文價值融入企業管理之中。企業透過實踐人文關懷、公益行動等方式，不僅可以提高員工士氣和團隊凝聚力，也能增加企業的社會責任感和形象，進而吸引更多消費者的青睞。例如，近年來，各大企業紛紛開始關注永續發展和環境保護等議題，除了經濟效益外，更是基於社會責任的考量。

三意人文創新商業模式扮演著越來越重要的角色，透過這種商業模式，企業能夠持續提高自身的競爭力和創新力，同時也能為社會帶來更多的價值和貢獻。在未來的發展中，這種以人文關懷為核心的商業模式，將成為更多企業追求的目標。

三意人文創新與 ESG

陳春山是 ESG 世界公民數位治理基金會的董事長,他曾擔任中華電視公司和公共電視的董事長,目前是臺北科技大學的教授,對 ESG 議題一直相當關心,是指標性的意見領袖。

每次見面,我們都會很自然的討論 ESG 和三意人文創新的相關議題。他認為,當今所有議題的本質,其實都是廣義的人文議題,臺灣該發展自己獨特又具高度的論述,以人文為本,打造三意人文創新的臺灣。

陳春山認為,ESG(Environment,Social,Governance,環境、社會和公司治理)和三意理念有相當的連結性,兩者都致力於創造永續社會。ESG 強調企業在經營過程中應考慮到環境、社會、治理三個方面,而不僅僅只注重經濟效益。

三意則是指以創意發展公益和生意,強調企業應該同時

追求經濟效益和社會公益，透過創意產品和服務，提供消費者更多元、更高品質的選擇。

陳春山認為，ESG 的經驗可以做為三意人文創新的借鏡，ESG 的理念已被廣泛運用在全球企業中，並且成為投資人的重要考量指標。企業如果能夠將 ESG 理念貫徹到經營過程中，不僅能夠為環境、社會和治理做出貢獻，還能夠提高企業的競爭力和品牌價值。

同樣地，企業如果能夠貫徹三意理念，不僅能夠為社會公益做出貢獻，還能夠創造更多價值，提升企業的競爭力和品牌價值。

人類的歷史是不斷創新和平衡的過程，社會的建構也需要平衡不同利益和需求。必須考慮到經濟、社會和環境的平衡，同時尊重個人隱私和自主權。臺灣可以融合東方和西方的文化優勢，創造出獨特而有價值的產品與服務，不斷提升國際地位。

陳春山也認為，在追求經濟效益的同時，我們也必須注重社會和環境的平衡，實踐永續發展的目標，這也是 ESG 和三意理念的核心價值觀。陳春山認為，對於企業而言，不只是追求經濟效益，更要考慮社會和環境的影響，才能真正

的永續發展。

以人為本、追求創意、發展公益，企業不再只是為了追求短期的經濟利益，而是將長期的社會效益與企業效益放在同等的地位上，並且致力於提高員工、客戶和消費者的生活品質。這樣的企業文化，不僅可以帶來企業的成功和持續發展，也可以為社會和環境帶來正面的影響，促進社會的進步和改變。

不過，我認為，ESG 理念和三意人文創新理念雖然有著相同的價值和目標，但是實踐方向仍有一些不同。

ESG 更側重於企業在環境和社會責任方面的表現，強調企業對於環境和社會的影響力，而三意人文創新則更注重企業對於人文價值的承諾，強調企業在產品和服務方面的創新，以及對於員工、客戶和消費者的關懷，企業應當將公益融入到商業模式當中。

在 ESG 的投資理念中，企業必須通過符合環境、社會和公司治理標準的評估，才能獲得投資，強調企業應該考慮到其負面影響和風險控制；而三意人文創新則強調企業應該為社會創造正面影響。

三意人文創新與地方創生

　　台灣地方創生基金會董事長陳美伶是我常常請益三意思維的前輩，2020 年 5 月，她卸任國發會主委後，一直和兩群年輕人保持連絡。她認為，在泥土上紮根推動地方創生和在雲端發展區塊鏈產業，都是臺灣的希望工程，這兩群年輕人的合作，將會推動臺灣走向更美好的未來，而「三意人文創新與地方創生」則是她的實踐方向。

　　陳美伶認為，地方創生、區塊鏈和新創產業的分進合擊，可以為整體產業賦能，從而推動臺灣的發展。她提出的 ESG（企業永續投資）框架可以促進企業資源導入地方創生，創造生生不息的善循環。

　　面對人口的高齡化和少子化，與各地區域均衡發展的挑戰，臺灣需要長期推動地方創生，而區塊鏈和新創產業，則是為整體產業賦能的火車頭。在陳美伶的任內，國發會啟動了臺灣地方創生，並協助區塊鏈產業和新創圈的發展，這些

工作也刻畫出了她眼中的國家社經發展格局。

　　利用 ESG 的規範以及影響力，把企業的資源導入地方創生，讓兩者的需求得以完美對接。陳美伶認為，在 ESG 的 Environment（環境保育）、Social（社會關懷）、Governance（公司治理）這三個關鍵字裡，地方創生就是 S 最好的選項。

　　ESG 和地方創生都是臺灣當今的顯學，也都吸引了許多產官學資源的投入，如果要將兩者對接，有不少機會也有不少挑戰。許多企業都在找適合的 ESG 項目投資，許多地方創生事業也都非常需要資源，兩者如果能找到良好的合作模式，就能共創雙贏又可長可久。

　　但是，要解決以上挑戰，必須建構專業的工作團隊，協助推動企業和地方創生團隊的合作，這就是關鍵所在。建構一個專業的工作團隊，可以幫助企業和地方創生團隊找到合適的 ESG 項目，並設計出可行的合作模式。此外，團隊也可以提供專業的諮詢服務，協助企業和地方創生團隊解決在合作過程中遇到的各種挑戰。

　　我建議陳美伶，大家可以合作籌組「三意 ESG 創生顧問團」，匯集產官學界的專業人才，以豐富的經驗和知識，

協助企業和地方創生團隊實現共同的目標。這個團隊也可以成為一個平臺，讓不同領域的專業人才可以相互交流和學習，推動更多的創新和發展。

　　地方創生和區塊鏈產業的合作，對於臺灣的發展非常重要，利用 ESG 的框架，把企業的資源導入地方創生，可以創造生生不息的善循環。然而，要實現這樣的合作，必須解決許多挑戰。建構一個專業的工作團隊，可以協助企業和地方創生團隊找到合適的 ESG 項目，設計出可行的合作模式，並解決在合作過程中遇到的各種挑戰。

　　我深信，「三意 ESG 創生顧問團」可以是一個可行的方案，它可以成為一個平臺，促進不同領域的專業人才之間的交流和學習，推動更多的創新和發展，實踐以三意人文創新同步推動地方創生和 ESG 的理想。

三意人文創新與數位轉型

　　每次和詹文男見面，總會很自然的談起三意人文創新與
數位轉型。這一直是我們都在長年努力的方向，看似分進，
卻是合擊，我們其實都在推動臺灣的社會創新。

　　詹文男曾經在資策會產業情報研究所（MIC）工作三十
年，並且在最高主管的職務（所長）退休。退休後，他延續
過去在 MIC 的工作方向，創辦數位轉型學院，協助高科技
產業提高競爭力，以及協助傳統產業運用數位科技。

　　詹文男在數位轉型相關領域深耕多年，積累了豐富的
經驗和見解。他認為，數位轉型是企業生存和發展的必經之
路，而實現數位轉型的關鍵，是組織和文化轉型。**經營轉
型**、**組織轉型**與**文化轉型**，這三者必須同步進行，才能實現
企業的數位轉型。

　　在**經營轉型**方面，詹文男強調企業需要透過數據分析
和數位技術的應用，開拓新的商業模式和服務；在**組織轉型**

方面,他提倡以平臺化的組織架構,讓員工和客戶可以共享資訊和知識,加速創新和協作;在**文化轉型**方面,詹文男強調,需要落實「**以人為本**」的價值觀念,讓員工感受到企業對他們的關心和支持,建立共同的信任和文化基礎。

詹文男的理念,看來是某種意義上的三意人文創新,以關注人的需求和價值為出發點,透過創新的方式解決問題和提高生活品質。在數位轉型的過程中,人文創新扮演著重要的角色,它可以為企業和社會帶來更多的價值和創新。

三意人文創新可以幫助企業發現新的商業模式和市場需求,使企業能夠更好地適應市場變化和客戶需求。三意人文創新也能幫助企業擴大其社會影響力,建立更好的公共形象和品牌形象,提高消費者的認同感和忠誠度。三意人文創新更能夠吸引更多優秀的人才加入企業,形成更好的團隊合作和創新氛圍,提高企業的績效和效率。

詹文男認為,數位轉型不僅僅是科技的挑戰,更是文化和價值觀轉型的挑戰。數位轉型需要企業和管理人員轉變思維,從傳統的生產和經營模式,轉向以客戶需求為中心的產品和服務模式,更加注重創新和效率,以滿足消費者對產品和服務的多樣化需求和高品質的期望。

而三意人文創新強調以人為本、注重人性和社會價值的創新理念，並且幫助企業和管理人員更好地理解和滿足消費者的需求和價值觀，提高產品和服務的品質和價值，增強企業的社會責任感以及對社會的貢獻。三意人文創新也能夠促進企業與社會之間的良性互動，推動社會進步和可持續發展。

　　以三意人文創新為目標的數位轉型，再聚焦發展三意社會，就能為臺灣打造更好的未來。創造更多工作機會，提高國民生活品質，並促進社會的公益，以上三者相互關聯，共同推動著社會的進步和發展。

三意人文創新與高等教育

　　2016 年，吳思華老師卸任教育部長回到政治大學任教，在這所他曾經擔任過校長的大學裡，創辦了「草堂人文創新工作坊」，繼續關注和思考臺灣的人文創新與教育。

　　每年一次的聚會，「草堂人文創新工作坊」邀請學生和老師們到山林裡小住聚會，大家輪流演講發表研究心得，也為臺灣的教育探路。各年齡層的學術界菁英，每天浸泡在知識裡，不管青春或銀髮，共同探索人文與科技的結合，探究 AI 時代的相關議題，而這些討論也引發了對高等教育的討論。

　　高等教育的目的，是培養具備綜合素養、批判思考、創造力和領導能力的人才。高等教育對社會更是重要，能提高國民的文化水準、培養人才和推動科技創新。高等教育的重要性不僅在於培養人才，更在於提升人們的生活品質，和增進社會的發展。

而三意人文創新可以協助高等教育更好地應對未來的挑戰。三意人文創新強調人文思維、創新思維和實踐思維的結合，可幫助高等教育推動跨學科、跨領域的教育和研究。這樣的跨界整合，有助於學生培養多元思維、創新意識和實踐能力，增強學生的競爭力和未來的就業能力。

　　三意人文創新的實踐，也可幫助高等教育更好地理解人與科技的互動和未來科技發展的趨勢，從而更好地設計教學和課程，使學生具備面對未來挑戰的能力。

　　此外，三意人文創新對高等教育發展的價值，還可以促進高等教育的跨領域合作和創新，人文創新注重跨越不同領域的交流和合作，這也是未來高等教育發展的趨勢。在科技快速發展的時代，人文學科和科技學科之間的融合尤為重要，三意人文創新工作坊就是一個機會，讓來自不同學科和背景的學者能夠交流和合作，激發出更多的創新思維和想法。

　　三意人文創新還能夠幫助高等教育更好地培養學生的能力和素質。高等教育的目的不僅是為學生提供知識和技能，更重要的是培養學生的全人素養，包括創造力、溝通能力、團隊合作能力等。

　　三意人文創新工作坊所倡導的「三心（獨立自由心、好奇心、多元心）、「三力（想像力、合作力、提問力）」、「三場（遊樂場、道場、實驗場）」教育模式，恰好符合了培養學生全人素養的要求。

　　例如，「獨立自由心」能夠讓學生獨立思考和探索問題，「想像力」能夠激發學生的創造力和創新精神，「遊樂場」、「道場」和「實驗場」能夠提供學生實踐和體驗的機會，進而增強他們的能力和素質。

　　三意人文創新工作坊為高等教育帶來了許多啟示和思考，高等教育應該以培養學生的能力和素質為目標，注重跨領域合作和創新，並不斷調整教育方式和方法，以適應未來社會的需求和挑戰，甚至對於社會整體的教育都可以提供關鍵資源，這也是我們應該持續關注和探索的重要課題。

三意人文創新與數位智能社會

　　這一天，在中央研究院的資訊科技創新研究中心的會議室裡，我們以「下一個數位智能臺灣」為主題，討論以科技和人文來為臺灣打造品牌和盾牌。

　　全世界長期關注烏克蘭情勢，臺灣的安全也成為國際媒體的熱門話題。

　　陳春山、黃彥男兩位老師和我，共同邀請二十多位各界菁英朋友來交流，共同思考如何以數位智能來為臺灣打造世界公民品牌。我們都認為，讓國際社會更關注更認同臺灣，臺灣也將會更安全。

　　「臺灣可以是讓中國大陸更好的力量，發展數位智能，讓兩岸的關係從對抗走向對話。」

　　我建議，在數位世界搭橋，讓兩岸的年輕人積極交流，更可以彰顯臺灣社會的人文優勢，並促成中國的改變與對臺灣的認同。

　　「**數位智能**」以數位科技產生智能，並嵌入到各種產品和服務裡。從 30 年前開始發展的網際網路，到今天的人工智慧、大數據、物聯網、元宇宙等技術和運用，都是數位智能的應用。

　　目前世界各國都在積極發展數位智能社會，大家共同方向都是：加強數據管理和隱私保護、推動創新和市場發展、提高數位基礎設施建設水平、積極教育和培訓、鼓勵跨國合作和共同發展，這些也都是臺灣該努力的方向。

　　數位智能社會不只是科技的發展，更需要人文的融入。這就是「三意人文創新」所體現的價值，同時增進社會的創意能量、公益能量和商業能量，這三種能量都是數位智能社會發展的重要資源。

　　創意能量指的是創新的思維和創造力，這是推動數位智能社會發展的重要動力。數位技術的發展和應用，需要創新思維的支持，這可以來自教育培訓、科技研發、企業創新等方面。

　　臺灣擁有豐富的人文資源，包括文化、藝術、設計等方面，可以融入到數位智能社會的發展中，為數位創新注入更多的創意能量。

公益能量指的是對社會和公眾的貢獻和回饋。數位智能社會需要更多的公益意識和社會責任感，這可以透過數位技術的應用來實現。

　　例如，透過數據分析和應用，來改善環境保護、提高醫療水平、增加就業機會等方面。臺灣的社會公益組織和非營利機構，可以積極參與到數位智能社會的發展中，為社會做出更多貢獻。

　　商業能量指的是創造經濟價值和商業機會。數位智能社會的發展，需要商業機構的參與和投入，他們可以帶來更多的資金和資源，加速數位技術的應用和發展。

　　臺灣擁有眾多成功的科技企業和創新型公司，他們可以為數位智能社會的發展帶來更多商業能量。同時，商業機構也需要注重社會責任和公益意識，透過商業的成功來回饋社會和為社會做出貢獻。

　　「三意人文創新」可以為數位智能社會帶來更多的價值和意義。首先，創意能量可以帶來更多的創新和思維的突破，為數位技術的應用帶來更多可能性。其次，公益能量可以讓數位技術的應用更加關注社會和公眾的需求，為社會帶來更多實際的改變和影響。

　　最後，商業能量可以帶來更多資源和支持，加速數位智
能社會的發展和應用。

第二章

當 AI 走進學術研究的世界

- WMBA 三意 AI 創作塾：透過寫作引導創作與創新之旅
- 如何撰寫學術研究的亮點
- 從訪談到期刊發表的三個階段案例
- 如何運用 ChatGPT 來提升創作與思考
- 創作的火花：解析精準亮點的三要件
- 閱讀論文之新視角：從撰寫論文賞析到創新
- QAR 架構、心智圖整理和有感覺的寫法
- 從想到做的距離究竟有多遠
- 培養未來領袖：實踐大學社會責任以提升學生能力

關於作者

李慶芳

實踐大學國際貿易系教授暨系主任，WMBA
共同創辦人，價值共創研究社群（VCC）成
員，中南財經政法大學講座教授。專注於個
案研究，且從與業界互動中開採經營智慧，
專研跨界合作與價值共創等理論，樂於分享
「心智圖學習法」、「心流」等經驗。

2011、2014 與 2018 年曾獲聯電經營管理
論文「傑出獎」與「優等獎」，著有《質化
研究之經驗敘說：質化研究的六個修煉》與
《管理學：以服務為導向的新觀念》。

WMBA 三意 AI 創作塾：透過寫作引導創作與創新之旅

在過去的學生質性研究論文指導過程中，最常遇到的問題是「寫作的難題」，這也是我多年來指導學生時的痛點。然而，與「點子農場」執行長吳仁麟互動的過程中，我們慢慢孵化出了一個想法——「如何透過寫作來培養並提升學生的研究能力」？

經過多次的討論，最終誕生了 WMBA 這個創作之旅，在這個創作旅程的課程中，我分享研究論文的寫作邏輯，而仁麟兄分享寫作技巧與風格。在這十週的 WMBA 創作之旅中，我著重在「寫作風格」、「寫作邏輯」和「寫作習慣」這三個部分，以此作為此次創作旅程的經驗分享。

首先，關於寫作的風格，仁麟老師將其 30 多年的寫作經驗毫無保留地分享出來，每次介紹一種寫作的套路和風格。以他的書《三意變三億》為案例，分享書中的寫作風格，如 131 和鳥瞰等寫作風格的運用，使大家可以更清楚

地理解並應用這些寫作風格和套路。

其次，關於寫作的邏輯，我在課程中分享研究論文的撰寫邏輯，讓同學們了解研究論文中，是如何融入 QAR（問題、答案、反思）的寫作邏輯。透過這十週的案例寫作練習，我們培養學生在創作中融入「研究」的寫作邏輯，也就是將「有趣的研究問題」、「有創意的解決方案」和「有深度的啟示」的研究邏輯，巧妙地融入案例寫作中。

最後，關於寫作習慣，我們在這十週的 WMBA 旅程中，最重要的是要培育學生的寫作習慣，將寫作變成生活中的一種習性。在這次旅程中，儘管有些 WMBA 第一期的學生由於個人原因未能走完全程，但令人欣慰的是，大部分學生都完成了這十週的旅程，也因此才有了這本書的誕生，非常高興看到大家能養成寫作的習慣。

最後，我們為何要有這次 WMBA 的創新嘗試呢？我深感「研究本身就是一種創作之旅，而寫作是創作的基石，也是創作的動力和能量」。經過這十週的修練，我們一起經歷了創作之旅，我們也堅信這個方向和方法的重要性。

誠摯地邀請大家一起加入 WMBA（三意 AI 思創塾），透過寫作之旅，讓臺灣（Formosa）成為創作和創新之島。

如何撰寫學術研究的亮點

　　近來，我在閱讀書籍的過程中得到了一種啟示：「因與果」是同步的，「問與答」也是同步的。同樣地，在學術研究的過程中，問題與答案相伴而生，兩者之間的關係就如同因果一般緊密。

　　你所提出的問題，在某種程度上已經預設了你將得到的答案。從這個角度來看，你的研究亮點能否真正「亮」起來，與你的研究問題有著密不可分的關係。只有當你的研究問題深入且富有創新，才能引出那些讓人驚豔、眼睛一亮的答案。

　　在這篇文章中，我們將不去討論如何提出問題，而是專注於如何突出描繪出研究的亮點。要創造出真正具有吸引力的研究亮點，必須滿足以下三大條件：

1. 對作者與讀者有感：亮點的實用性

　　首先，研究的亮點必須能觸動讀者，與讀者的切身經驗或問題有所連結。你的答案，也就是你的研究亮點，必須正是讀者所需要的。因此，我們必須學會快速察覺讀者的需求，從而創造出能引起讀者共鳴的研究亮點。因此，這個亮點必須對讀者實際有用，能解決他們的問題。

2. 對讀者與作者有創新：亮點的新穎性

　　其次，研究的亮點對讀者來說必須是一種新的、有創意的觀念或創新的見解，如果你的問題問得不夠深入，你的答案也將缺乏新意。因此，我們要確保我們的研究亮點對讀者來說不僅是有用的，同時也是新穎的。

3. 對整個社群有價值：亮點的貢獻性

　　最後，你的研究亮點也必須對整個社群有所價值。這就意味著，你的亮點不僅對讀者有用，更應對整個社群或社會有所貢獻。在這種情況下，你的研究亮點將不僅包含理論的貢獻，還有實際的應用價值。

換言之，利己也要利他，如果對讀者有用，這是比較利己的部分。最好這樣的亮點也能夠利他，對整個社會也是有用的。

反思：有用、新穎、有價值

綜上所述，一個引人入勝的研究亮點，必須具備三個特點：**對讀者有用、對讀者具有新穎性，並且對整個學術社群有所貢獻**。這種研究亮點將引領我們不斷進化，為個人和社會帶來實質的好處。

為了創造出這樣的亮點，我們需要有深入的問題意識、熱情的研究精神，以及對讀者和社群的敏銳洞察。因此，無論你是初入學術研究的新手，還是經驗豐富的研究者，我們都應該始終記住這三個要點，並以此為準則，撰寫出真正有價值的研究，才能真正推動我們的社會向前發展。

從訪談到期刊發表的三個階段案例

在質性研究中，資料分析是非常重要的部分，接著將介紹資料分析表的設計和應用邏輯。當我們進行田野訪談並從訪談結果中收集資料，資料分析在期刊發表過程中，是研究者最關心的問題。

依據我的研究經驗，從訪談到期刊發表，分析過程可分為三個階段，以下分享這三個階段的轉變過程，以及資料分析表的設計和使用方法。

從訪談到公版案例：訪談後，我們會將訪談內容整理成逐字稿，進一步以「切貼排」的方式釐清意義單元，經過剪裁和整理成「受訪者案例」，此即第一階段的案例。

然後，我們進行案例化分析，從「受訪者案例」轉化為「公版案例」，例如，透過「情境、問題、主要的關係人、人事時地物、結果」等共用邏輯編寫的案例，形成第二階段的案例。

從公版案例到理論案例：接著，再將第二階段的案例，轉化為第三階段的案例，即「**理論案例**」。

　　此時，公版案例的概念需要轉化為理論構念，例如，若使用「**隨創理論（bricolage）**」，那麼理論構念將包括「手邊的資源、將就著做、資源重組」。

　　如果選用「**意會理論**」，則理論構念就會包括「物件、設計師的意會、使用者的意會、彼此的誤會，以及如何產生融會的過程」。透過此一過程，我們可以將訪談資料轉化為最終的案例資料。

　　以下，將進一步說明這個「理論化」的過程：

1. 設計資料分析表

　　資料分析表的設計，是整個分析過程的基礎。資料分析表主要由 X 軸和 Y 軸組成，其中 X 軸放置案例，Y 軸放置理論，X 軸和 Y 軸的位置可以互換。填入資料分析表是一個重要步驟，可以根據表格對資料進行整理和歸納。接著，將所有資料填入所設計的資料分析表。

2. 填入資料：用理論闡述案例

當資料分析表設計完成後，可以根據該表格對質性資料進行分析，將收集到的資料編碼填入資料分析表。在填充資料的過程中要注意細節，以確保資料的正確性和完整性。此時，根據原先的公版案例進行調整，將訪談資料進行編碼。

3. 跳出來：用案例深化理論

資料填充完成後，需要進行「跳出來」的過程，透過分析資料產生新的洞見。例如，針對 X 軸，可以得出實務意涵和結論；針對 Y 軸，可以研究理論的貢獻。透過這個過程，我們可以發展出新的抽象理論，進一步完善研究論述。

通常這種「跳出來」的貢獻，可根據研究問題或亮點區分為兩大類。第一類是回應 WHAT 的問題，透過資料分析可以歸納出哪些形態；另一類是回應 HOW 的研究問題，此時可以透過「跳出來」的過程，整理出故事的發展過程。

例如，意會對物件的意會產生的誤會，最後如何融會貫通，發展出「意會、誤會、融會」這樣的抽象化理論，即所謂的「跳出來」。

反思：設計資料分析表、填進去、跳出來

總之，進行資料分析需經歷三個步驟。

首先，設計資料分析表，根據理論和案例設計表格；其次，有了資料分析表，需要用理論闡述故事，填入資料並完成案例；最後，填入資料後，更重要的是要「跳出來」，也就是解讀資料分析表以及撰寫案例的過程，從而發展出研究論述。

在整個分析過程中，研究者需要不斷反思、調整並完善資料分析表，以確保研究結果的有效性和可靠性。

如何運用 ChatGPT 來提升創作與思考

在這個科技日新月異的時代，AI 語言模型如 ChatGPT 等，已經成為創作者們的得力助手。我與點子農場執行長吳仁麟運作 WMBA，其中一個重要的任務，就是訓練夥伴的創作與思考能力。以下將指引你如何充分運用 ChatGPT，來提高自己的創作能和思考，並保持獨特的風格。

1. 善用提問來激發創意

要讓 ChatGPT 幫助你創作，首先要學會提出有深度且具啟發性的問題，這樣的提問能讓 AI 生成優美且有內容的文章。因此，向 ChatGPT 提出好的問題，是成功創作的關鍵。

例如，某部落格作者要撰寫一篇關於環保生活的文章，他向 ChatGPT 提出了以下的問題：「如何實現零廢棄生活？」

透過這個有深度且具啟發性的問題，ChatGPT 生成了一篇內容豐富又兼具實用價值的文章，幫助作者成功完成了創作。

2. 設計獨特的創作架構

創作時，必須要有一個明確的主軸和內容鋪陳的流動性。透過 ChatGPT 創作文章時，你需要有一個清晰的架構，以便將內容呈現得更有條理。

例如，一位自由撰稿人計畫編寫一本關於時間管理的電子書，他先設計了一個明確的章節架構，接著利用 ChatGPT 分別為每個章節生成內容，作者透過這種方法，創作出一本結構清晰、內容完整的電子書。

3. 調整風格保持獨特性

在使用 ChatGPT 創作時，要注意調整風格，避免被誤認為抄襲。為了展現創作者獨特的風格，建議在使用 AI 生成文章之前，先確立自己的風格特色。在創作完畢後，再進行調整，以保持獨特的風格，凸顯作者的品牌形象。

例如：一位網紅想要為自己的時尚頻道創作一系列文

章,她在使用 ChatGPT 生成文章之前,先確立了自己的風
格特色,如幽默、輕鬆、時尚。在 AI 生成文章後,她仔細
檢查並調整文章風格,使其更符合自己的品牌形象。

反思:提問、架構、風格

運用 ChatGPT 時,我們的「提問」將決定生成內容
的品質,如何將 AI 生成的內容轉化為具有邏輯和架構的創
作,才能展現自己的論述能力。最後,還要調整其風格,使
其具有獨特性,這樣的創作才具有價值。

藉由以上三個步驟:提問、架構、風格,你可以充分利
用 ChatGPT 來提升自己的創作與思考,為你的作品增添獨
特的魅力。在這個 AI 時代,我們必須一起探索無限的創作
的可能性。

創作的火花：解析精準亮點的三要件

　　我和點子農場執行長吳仁麟致力於研發名為 WMBA 的共享活動，該活動的核心目的是，讓學生透過與 AI 的協作，進行論文寫作訓練，進一步提升他們的創作和思考能力。

　　在課程中，我們強調了一個關鍵的觀念，那就是創作必須有亮點。然而，這裡出現了一個新質問，什麼是精準的亮點？如何呈現出這種精準的亮點呢？這兩個問題引發了我們課堂上激烈的討論。

　　討論的結果，我們達成了一個共識：好的文章確實需要有好的亮點。然而，你認為的亮點，則未必是其他人眼中的亮點。

　　我們以廚師為例來說明這一點：如果一個廚師失去了味覺，那麼他在製作美食時，就會遇到一定的困難。在這種情況下，本文提出了創作精準亮點的三個要件。

要件一：獨特，沒聽過

首先，亮點需要是獨特的，且讓人耳目一新。這意味著，這個亮點不僅是一種全新的見解，而且不是大家都知道的常識。例如，當哥白尼首次提出地球圍繞太陽轉動的理論時，這無疑是一種全新的觀念。

要件二：有趣，吸引人

其次，亮點必須有趣，能夠引人入勝。這意味著，這個觀點需要有一種吸引人的魅力，讓人們願意去閱讀，並且在閱讀的過程中獲得樂趣。為了達到這一點，我們可以使用故事來引導論點，或者適時提供一些有趣或震撼的實例，來證明我們的觀點。

要件三：共振，能入心

最後，亮點必須能與人產生共鳴，能夠打動人心。換句話說，一個成功的創作，應該能夠讓讀者在內心深處感受到共振的力量，感動並引起共鳴，例如，讀者因有相似的經歷或感受而深受感動。

要實現此目標，我們可嘗試在文章中創建讀者與作品之間的情感連結，舉例來說，我們可以引用一些普遍的生活經歷或情感，讓讀者能夠產生共鳴並感同身受。此外，還可以在文章中提出讀者可能感興趣的問題，並給出相應的解答，這樣讀者在閱讀的過程中，更容易與作品產生連接。

　　總結一下，創作精準亮點的三個要件包括：**獨特性**、**趣味性和共振力**。要實現這些要件，我們需要在寫作過程中，努力選擇新穎的主題、融入個人經驗、進行廣泛研究，同時運用生動的故事和語言技巧，以及與讀者建立情感連結。

　　在實踐這些方法的過程中，學生需要保持耐心和堅持，不斷地嘗試和反思。唯有如此，他們才能在寫作中不斷突破自己，創作出具精準亮點的優秀作品。

　　此外，與 AI 的協作無疑為學生提供了一個強大的工具，幫助他們在創作和思考方面達到新的高度。

閱讀論文之新視角：從撰寫論文賞析到創新

　　學術論文，是學者們在各自的專業領域裡，深入探索知識的成果。閱讀學術論文，不僅能讓我們了解各種學問的最新發展，還能引導我們思考如何在自身的研究中找到突破口。以下，我將分享一種三步驟的方法，讓你在閱讀學術論文時，能有更深的理解和欣賞。

1. 釐清文獻的亮點

　　每一篇學術論文都有其獨特的亮點，可能是創新的理論、獨特的研究方法或深入的分析，因此，首要的步驟就是找出並理解這些亮點。

　　通常，一篇文章的亮點往往源於深入、有趣的提問，我們應該留意其「研究問題」，有時，這些亮點甚至能顛覆我們既有的認識。因此當我們找到這些亮點時，也意味著我們找到了拓寬知識視野的門徑。

2. 連結有關的文獻

　　閱讀學術論文並不是一個孤立的過程，我們需要把它與其他相關文獻連接起來，形成一個完整的知識體系與脈絡。個人建議，我們可以根據各篇文獻的關聯性，畫出一張理論地圖。

　　這張理論地圖能讓我們清晰地看到「各篇文獻的相對位置，並理解它們之間的關聯」。這樣，我們就能更好地理解論文的內容和意義。

3. 找出理論的缺口

　　最後一步，是找出論文中的理論缺口。這需要我們對論文進行深入的思考和反思，透過辯證和用心的理解與探索，找出論文中還未解決或未深入探討的問題。

　　找出這些理論缺口，不僅能讓我們對論文有更深入的理解，還能激發我們的創新思維，引導我們找到新的研究方向。當我們找到這些理論缺口，並試圖填補它們，我們也就可能在學術領域中做出有用的貢獻。

結語：從賞析升維至創新

閱讀學術論文，並非只是瞭解其內容，更是一種賞析的過程。透過釐清論文亮點、連結相關文獻，以及找出理論缺口，我們不僅可以深入理解論文，還能在此過程中開闊視野，激發創新思維。

希望「釐清文獻的亮點、連結有關的文獻、找出理論的缺口」這三個步驟的方法，能讓你在閱讀學術論文的過程中，獲得更多的收穫和樂趣。

QAR 架構、心智圖整理和有感覺的寫法

　　你曾想過如何讓你的文章更有說服力和感染力嗎？在學術和專業寫作中，結構和邏輯思維是關鍵要素。今天，我們要分享一種有效的寫作架構——QAR 架構，以及如何運用心智圖與先說再寫的方法，來組織和整理素材，讓你的文章更具條理和立體感。

　　還有，要讓你的文章更有感覺，就要注重選詞和創造情感連結。現在，就讓我們開始探索如何寫出有深度和感染力的文章吧！

1. 以 QAR 架構寫作：邏輯思維的呈現

　　在學術與專業寫作中，結構與邏輯思維是關鍵的要素。以 QAR 架構來寫作，可以幫助作者更有效地表達思想和概念。QAR 是問題（Q）、答案（A）以及反思（R）的縮寫，這種架構不僅可以作為素材的分類依據，還可以幫助作

者優化 QAR 之間的邏輯關係。

2. 先說再寫：心智圖的運用

　　心智圖是一種有效的組織素材與整理思維的工具，它可以幫助作者將文章內容結構化。透過心智圖的構思，作者可以確保文章的結構完整、內容豐富。

　　此外，「先說再寫」的方法，可以讓作者更好地掌握文章的結構和內容的呈現，以確保在寫作過程中，能夠更流暢地表達自己的想法，讀者也更容易明白。如今，有了像 ChatGPT 這樣的 AI 工具，也讓寫作變得更加便捷高效。

3. 寫作要有感覺：創造視覺和情感連結

　　讓讀者對文章產生共鳴和情感連結，是一篇好文章的關鍵。要讓文章有感覺，首先，文章內容需要與作者自身及讀者有所關聯；其次，文章應具有生動的畫面，讓讀者在心中可以清晰地想像出故事情景，這有助於增加文章的立體感。

　　再者，選擇具有溫度和能量的文字至關重要，這樣的文字可以讓讀者更容易感同身受，進而產生情感共鳴。故在寫作過程中，作者應該努力尋求與讀者建立情感連結，使文章

讀起來更具吸引力。

在學術和專業寫作中，結構和邏輯思維是重要的要素。QAR 架構可以有效地幫助作者表達思想、概念與 QAR 之間的邏輯關係。其次，作者透過心智圖可以組織和整理素材，確保文章的結構完整、內容豐富。在寫作過程中，先說出自己的想法，再將其轉化為文字，可以幫助作者更好地捕捉到文章的精髓。

最後，讓文章具有深度和感染力也十分重要，好讓讀者更容易感同身受，進而產生情感共鳴。

因此，作者應該不斷地嘗試和改進寫作方法，以期提高寫作水平。結合 QAR 架構、心智圖和先說再寫的方法，以及重視寫作感覺，將有助於我們在更有效地溝通並滿足讀者的期待。

ChatGPT 這樣的工具將為寫作提供更多便利和支持，作者應該不斷學習並創作更多具有深度和感染力的作品。

從想到做的距離究竟有多遠

今天我的靈感特別豐富，心中和腦海裡不斷湧現許多創意靈感。當然，在這其中不乏需要付諸實行的點子。然而，從想到做，往往需要花費很長的時間，有很多創意甚至最後都未曾實現。

那麼，我們究竟如何縮短想到做之間的距離呢？或許我們可以從以下三個方面重新檢視如何加速實現創意。

1. 心理距離

想和做的區別在於心理因素。想的過程相對簡單，因為只涉及大腦的運作，而不需要投入實際行動。然而，從想到做，我們往往會遇到心理上的阻礙，表現為對實際行動的猶豫、恐懼或拖延。

要縮短心理距離，首先要克服心理障礙；其次，設定合理的小目標，以增加成就感；最後，培養積極的心態，以逐

步克服心理障礙，縮短想到做之間的心理距離。

2. 事件距離

　　想是創意，是一個構想；而做則是實際的行動，並取得成果。在想和做之間，實際上有許多更細緻的事件需要完成。

　　因此，建議大家在想和做之間，先試著列出更多中間一系列該做的事件，這樣就可以縮短想到做之間的距離。

3. 時間距離

　　想出一個點子很快就能完成，但實際去做卻需要花費時間。我們應該問問自己，在想到這個概念之後，到實際執行和取得成果之間，所需的時間是多少？或許，我們可以制定一個規劃及相對應的時間表，這樣就可以縮短想到做之間的時間距離。

反思：穿越想與做之間的距離

　　總的來說，想和做是兩回事，想到做之間的距離，本可以在很短的時間內完成，然而我們卻花了很多時間，甚至浪

費許多時空資源而未達成目標。

　　這其中有心理距離，即心魔；有事件距離，因我們未能釐清中間需要完成的事項；最後是時間距離，或許我們應該在過程中設定多個檢查點，特別是時間檢查點，讓整個過程更加順利，從想到做確實落實。

培養未來領袖：
實踐大學社會責任以提升學生能力

　　在 21 世紀充滿不確定性和挑戰的烏卡（VUCA）世代中，大學擔負著培育未來領袖的重任。個人很幸運在 6 年前參與大社會責任輔導的工作，也慢慢了解大學社會責任，對於發展大學特色、教育創新、培育人才與地方創生所扮演的角色。

　　大學教育的目標不僅僅是傳授學生理論知識，更應該關注培養學生在未來社會中所需的能力。教育部推動的大學社會責任（USR）計畫，正是實現這一目標的重要途徑，透過大學社會責任計畫，能帶給學生孕育「探索未來的能力、問題解決的能力、團隊協作的能力」等三個重要的能力，以下進一步說明之。

1. 探索未來的能力

　　大學社會責任鼓勵學生具備探索未來的能力。在快速變化的社會中，學生需要具備好奇心和求知慾的本質，去學習實用的新知。大學透過開設跨領域課程和實驗場域的學習環境，激發學生的好奇心與勇於追求新知識的企圖心。換言之，即激起學生探索未知的學習。

2. 問題解決的能力

　　大學社會責任強調學生具備問題解決的能力。在充滿挑戰的世界中，學生需要具備解決實際問題的能力。大學與社會合作，讓學生參與社區場域實際案例的解決，培養他們瞭解分析問題、設計提出解決方案的能力，從實作中豐富知識並培養創新思維。換言之，為了解決實際問題，成為有目的性的學習。

3. 團隊協作的能力

　　大學社會責任強調團隊協作能力。面對未來的不確定性，學生需要具備跨領域的開創能力。實踐大學社會責任

（USR）計畫，讓學生學會與不同背景的人合作，共同解決實際的問題。參與 USR 的導師、學生以及社區人員共同協作，共創價值，孕育學生在職場的競爭力。

反思：從線性學習到實作學習

整體來說，大學社會責任在培養學生「探索未來、問題解決和團隊協作」等方面具有相當的意義與作用，透過這三個能力的培養，學生將更有信心與經驗面對未來的挑戰。

同時，大學也需要承擔起這份社會責任，積極推動 USR 實踐計畫，讓學生在偏理論之外，也能在實踐中磨練自己，成為具備全面素質之社會棟梁。

此外，在全球化的趨勢下，大學社會責任不僅對國內的教育發展具有重要意義，也對國際交流與合作產生深遠影響。落實大學社會責任的過程中，大學應積極與各方尋求合作，搭建一個共創價值的平臺，讓學生能夠真正地融入社會，實現知識、技能與情緒之提升。

另外，大學也應該積極開展國際化的合作與交流，讓學生在全球視野下學習和成長，並為世界各國的和平與發展作出貢獻。

透過大學社會責任的實踐，學生將能夠鍛鍊自己的探索、問題解決和團隊協作等能力，並在面對未來挑戰時，展現出強烈的社會責任感。

大學社會責任不僅成為教育改革的方向，在此過程中，政府、企業和社會各界也應該積極參與和支持大學社會責任的推行，共同培育更多具全球競爭力的 ESG 人才，落實創意、生意、公益的社會，並攜手邁向共利、共好、共善的境界。

第三章

驗證成功的可能性：
鑄造能源工業的轉型之路

關於作者

李昭嫻

實踐大學國際貿易系兼任助理教授,國立高雄科技大學商業智慧學院商學博士,現職為樹德科技大學會展行銷與活動管理系助理教授,全弘實業有限公司顧問。

協助學校及企業產學合作,並跨校跨域帶領學生們參加競賽。榮獲「臺灣中油全國咖啡行銷競賽第一名」、「觀光局遊程競賽──結合 USR 課程獲陳其邁市長頒獎第三名及金獎」、「商圈菁英競賽第一名」、「南區創新服務科技競賽總決賽第二名」、「我是接班人全國企業創新競賽第三名」及執行高科大觀光系第一、二屆「虛擬實境運用在餐旅人才訓練」工作坊,研究領域為跨域整合、價值共創。

WMBA 學習心得：開擴視野，突破框架

　　身為一位學界教師及公司策展行銷主管，先生家族則是在鑄造產業界深耕三十餘年，一直以來，很慶幸自己的人生擁有著跨域背景及多元挑戰機會。在學校時，總是帶著孩子們找到（創造）自己亮點及被看到的可能性。在我的人生，期許突破原本發聲方式，帶上鑄造產業與跨域學術碰撞，體驗鑄造在生活中的每一個細節。

　　在大學教授會議展覽課程時，每學期會遇到來自不同系所及年級的學生，每當跟大家分享會議展覽在不同產業所呈現的樣貌時，有時得先考量學生們對各產業的認知程度，方才能繼續延伸下去，尤其是在商展時，又該如何展現。

　　如同做研究，不是每一個讀者都懂該產業，因此個案研究文章撰寫如何深入淺出、引人入勝，講明白且讓讀者有畫面，是需要扎根練習的。有幸在「三意 AI 思創塾（WMBA）」中，讓我重新奠定寫作功夫。

　　「三意 AI 思創塾（WMBA）」是由仁麟老師和慶芳主任共同創辦的學程。為何叫做 WMBA 這個名字？拆開字面，講的就是「**我的人生、我的研究**」，其中的 W 代表「Writing（寫作力）」、「Wisdom（思考力）」和「Wine（生活力）」。而這十週的課程，在仁麟老師引領寫作風格及慶芳主任的專業學術經驗，並借助 ChatGPT 的協作下，穩定每週產出 1,000 字，課堂上夥伴們彼此互相文章激盪及文字對話，並一起共創，醞釀出版一本書。

1. 開鑿人生視野

　　課堂上的同學，都是來自各產業的菁英，這是這門課最特別的地方。在那個時間、空間軸，與不同產業相遇，彷彿看著他們的人生，經歷他們的研究，一次次地踏入他們領域文字旅程。並且開啟每個人學習寫作風格方式，進行反覆練習。而在這段練習的過程中，我逐漸認識到與自己相關的鑄造產業，並且體會到了在探索一個產業的過程中，所需的時間和知識能量。

　　讓文字跳舞，讓文字在人心拓展出新地圖。這門課的一開始，我就非常地期待如何撰寫一篇讓人願意讀下去的文

章，以及有貢獻價值的論文文章。

　　透過仁麟老師和慶芳主任的講解和示範讓我明白，寫作不僅僅是將想法表達出來，更是要營造一種引人入勝的敘事風格及亮點。他們教導我們如何讓文章更加有畫面，以及不同作家的寫作結構，吸引讀者的注意力。我意識到寫作並不僅僅是文字的堆疊，更是一種能夠展現個人獨特風格和思維的藝術作品與成果。

　　如同鑄造過程，不只是倒入鐵水，而是過程中藉由高效設備及環保材料，達到低碳製程。

2. 突破框架的力量

　　隨著課程的進展，我開始意識到，寫作所需的技巧和學習寫作的過程並不是一蹴而就的，就像鑄造一樣，深入才能展開脈絡。過往寫作，腦袋跑滿一堆畫面，卻遲遲下不了筆。但科技進步給了我們工具包，透過 ChatGPT 的協助，從最初的想法到逐漸完善的文章，每一次的修正，都更加接近自己想要表達的內容。

　　ChatGPT 提供了寶貴的即時反饋和建議，這種與 ChatGPT 的互動，也讓我重新思考和修飾自己的觀點，從

而開拓了我的思維。透過仁麟老師、慶芳主任、學員的文章及 ChatGPT 的對話，從模仿到不斷學習並突破過去框架，改進自己的寫作方式，逐漸發展出個人的風格和文章樣貌。

仁麟老師除了寫作技巧風格上的指導外，更用了經典寫作風格，例如卡尼曼的陰與陽、陰中陽、陽中陰，以及黃仁宇的借用西方史觀及杜拉克的顧問式說理。

而慶芳主任的教學，從個案到心智圖及不斷的反問自己這文章的亮點，還有創新和價值是什麼，對社會的貢獻又是什麼？讓我更加了解學術研究建構重點邏輯，並將關鍵觀點和缺口，有條理地論點成貢獻價值的論文。

這樣的學術寫作訓練，不僅提高了我的思辨能力，還讓我更深入地理解了所研究領域的核心價值。

3. 視野的力量

在這個過程中，藉由這次機會，重新深入了解了與我自身工作及相關的鑄造產業，更加意識到全球面對環境與工業和經濟的關聯性及永續發展，產業領域的專業知識和技能不斷升級，這段過程絕不僅僅是一次寫作的練習，更是一次對自己職業發展方向的思考和探索。

如果用一句話來形容鑄造產業，我會説：鑄造就像是靈魂，即使大部分的人看不到它，它卻確確實存在著。其實寫作就是人生的視野力量，用寫作豐富了人生經驗和職業發展的紀錄。

　　最後，感謝仁麟老師、慶芳主任和「三意 AI 思創塾（WMBA）」，提供這樣一個寶貴的學習機會，這些學習應用於生活並實踐，不斷探索和發展在工作和研究領域的能力上。

成功數位轉型能力：從 AIoT 著手

　　和陳林山董事長認識已經十幾年了，剛開始，我們幾乎每次相遇都在展覽場上。當時我們公司的攤位就在他們旁邊，彼此互相照顧，有了很多相處的機會。

　　幾年後，陳董在鑄造學會擔任理事長為大家服務，負責學會的發展和運作。而學會致力於推動產業的發展，促進技術的進步，輔導新科技之製造與發展，這也是鑄造學會一直以來的任務。

　　在疫情尚未發生的幾年前，數位轉型是許多企業面臨的關鍵課題。如何運用科技創新來改善產業，提升效率、品質，並同時照顧人的需求，這對很多企業相當有挑戰性。

　　有一次，陳董提到他對電腦不太熟悉，但他深知智慧化才是產業轉型的關鍵。他跟我分享了對數位轉型的想法。他說，現代的鑄造業正面臨著嚴重的人力短缺和成本壓力，而數位轉型能夠解決這些問題。他還提到，AIoT（人工智慧

＋物聯網）是未來鑄造業的關鍵，因為它可以讓機器設備變得更加智能，減少人力成本，提高產品的生產效率和品質。

　　數位轉型不僅僅是技術層面的改變，更需要經營者要能有思考方式和創新精神，以及關心照顧員工的心。

　　大鎍科技也就在陳董的帶領與堅持下，公司的產品上不斷精進及創新。而正是這樣一家傳統鑄造公司如此積極投入數位轉型，大鎍科技的成功案例，為鑄造產業提供了參考，他們將傳統鑄造產業與智慧科技結合，打造了智能鑄造生產線，實現了數位化、自動化、智能化生產。

　　除此之外，大鎍科技還透過 AIoT 等技術，將生產線與上下游供應鏈相連接，實現了高效協同生產和智能物流，有效提高了生產效率和品質。

　　隨著智能化產品的推出，陳董的公司開始引領行業的轉型。投入大量資源在研發機器設備和自動化設備，並且在員工的培訓上下功夫。這種成功的轉型能力，不僅讓大鎍科技在競爭中立於不敗之地，同時也為整個鑄造產業帶來了巨大的影響。

　　例如大鎍設計了一款智慧噴砂設備，利用 AI 和物聯網技術，實現了自動化生產，徹底改變了傳統的噴砂產業。這

款設備具有許多優點，為的就是減少人力成本、提高生產效率、增強產品品質等。

在傳統的噴砂生產中，現場工作人員需要長時間在狹小的房間內，進行重複的動作，極其疲憊。然而，利用智慧化的機器設備，可以實現全自動生產，不僅提高了生產效率，還能讓現場工作人員遠離環境中的噪音和灰塵，保護員工的身體健康。

或許跟其他產業相比之下，鑄造產業雖然看起來不那麼耀眼，但是它是許多工業產品的重要關鍵零組件，從汽車、火車到風力發電機組，都需要鑄造產品。

瞬息萬變的市場，數位轉型已成為了鑄造產業發展的重要課題。

從先進國家瓶頸看見淨零碳排市場

　　我永遠記得我第一次看到一位畫家全身因米糠毒油所造成的皮膚病變，那時我還在澎湖讀大學。後來才從長輩口中得知，1979 年那時的米糠毒油事件，造成將近 2000 多名消費者食用後中毒受害。即使不是我所經歷的年代，但是這件事情卻一直讓我印象深刻。

　　研究所畢業後，我一直在學界服務，而先生的國際貿易公司主要進口歐洲鑄造產業用的環保原物料及設備。他說客戶對公司的產品總是用貴來形容，但一般客戶看到的是價格，真正認識的客戶，在意的是解決問題的能力。

　　公司的理念一直是「誠信經營科技心，專業服務環保情」，初衷是為了反思並跟著先進國家所遇到工業汙染瓶頸，來看我國的鑄造環境未來。

　　有好幾次學生請我推薦工作時，每每提到鑄造，他們的表情似乎告訴我這是一個貼有「3K」（危險、辛苦、骯髒，

這三個詞的日文發音皆為 K 開頭）標籤的行業。然而政府和企業的努力，已將其轉型為「4C」（Clean、Career、Competitive、Creative）產業。

或許有人對鑄造這個詞彙並不熟悉，但你肯定曾在海邊堆沙堡、炎熱的夏天製作冰塊，或是看到老師傅用熱糖水在冷盤上畫出可愛的畫糖。工業之母是機械，而工業之父就是鑄造。

根據 ITIS 調查統計，臺灣鑄件年產量約 140 萬公噸，年產值約新臺幣 900 億元，位居全球第 15 大生產國。

鑄造產業的生產，主要以供應國內外工具機、各產業機械、汽機車零組件、民生、航太及生醫等產業所需，因此鑄造產業可稱之「關鍵零組件的關鍵」。鑄造就像陽光、水和空氣一樣無所不在，當失去它時，人們才會意識到它的重要性。

唐太宗曾說：「以銅為鏡，可以正衣冠；以史為鏡，可以知興替；以人為鏡，可以明得失。」臺灣過去的工業汙染和黑心企業食安所造成的傷害，例如 1979 年的米糠毒油事件、1988 年的鎘米事件，和 1994 年的 RCA 有機溶劑傾倒事件，這些事件都讓受害者承受一輩子的傷害。

為了實現淨零碳排，我們可以從歐洲國家在工業化過程中遇到的瓶頸中學習。歐洲國家在快速工業化的過程中，帶來了經濟成長和工業進步，但也造成了嚴重的環境問題。政府開始採取環境保護措施，如限制汙染排放和推行綠色能源政策，以及規範企業和工廠的排放。

　　企業和工廠也積極採取環保措施，如改變生產方式和技術，以節能和減少汙染排放。同時，他們也開始使用綠色能源和可回收材料等可持續性方法。這些措施有助於減少對環境的影響，實現更加永續發展的目。

　　臺灣是全球重要的供應鏈之一，尤其是資訊產品和鑄造設備出口。然而，在淨零轉型的趨勢下，臺灣必須擺脫低能源價格補貼，從效率和穩定的供應鏈轉型成可靠的綠色供應鏈，才能保持競爭力。

　　因此，淨零碳排市場和綠色材料與設備變得更加重要，積極投資綠色技術和材料設備，不只開創新的商業模式，也是友善全球。

開發生醫科技市場，意外引導智慧製造

　　30 幾年前（約 1993 年），英國有一家駱駝牌鑄造材料公司倒閉，而當時的駱駝牌員工為求生計，而紛紛轉到 John Winter 鑄造材料公司上班。

　　Dale 是英國 JW 鑄造材料公司出口部總經理，也曾是倒閉的駱駝牌鑄造公司員工，認識他將近快 20 年，他常常會提起：「英國工業危機，卻是 JW 公司的轉機，即使全球經濟受景氣衝擊，但人們生病還是要看醫生。特別是牙痛，牙痛不是病，痛起來要人命，因此公司從原本的鑄造，延伸到牙醫相關材料的鑄造。」

　　一口強健有力的牙齒，對人體的重要性不亞於心臟，更影響全身健康。然而，許多人常常忽略了口腔健康的重要性，直到出現了口腔疾病才意識到其重要性。除了牙齒保健外，植牙市場也是一個相當重要的市場。

　　隨著現代生活習慣和飲食習慣的改變，牙齒健康問題

也越來越嚴重，需要更加完善的治療方法。而植牙作為一種現代化、高端的牙齒治療方式，已逐漸成為市場上的熱門選擇。據統計，全球每年植牙的人數已經超過百萬人，而在臺灣，植牙也是一個逐漸成熟的市場。根據臺灣牙醫學會的統計數據，每年有超過 20 萬人次接受植牙治療，市場規模也逐年擴大。

但又有多少人知道，一顆植牙技術裡，也包含了鑄造的精髓。

人工牙根是由醫療器材製造商生產的，產業鏈卻包括鑄造廠、機械廠、螺絲廠以及加工廠等等，它們使用高品質的材料，例如鈦合金或陶瓷，製造客製化的人工牙根，以符合患者的口腔結構和牙齒狀況。

人工牙根是植牙手術不可或缺的元件，它用於固定人工牙根到患者的牙槽骨中，並直接影響植牙效果和生活品質。人工牙根必須具有生物相容性，以防止出現植入後的排斥反應和感染。

目前常用的人工牙根材料主要是鈦合金和陶瓷材料，它們都具有優異的生物相容性和機械強度，可以保證人工牙根在牙齒和口腔環境中的穩定性。

　　在植牙手術中，鑄造無論在植牙或假牙皆扮演著至關重要的角色，必須經過嚴格的品質控制和美學設計，以確保患者的植牙效果和生活品質。因此，鑄造廠的製造工藝和技術，對植牙手術有關鍵性的影響。

　　歐洲的生物醫學市場以其成熟的技術和產品享譽全球，而鑄造廠和生物醫學的共創，不僅應用於口腔醫學假牙和植牙製作，還可應用於其他領域，如 3D 列印技術。

　　除此之外，鑄造業對許多產業一直展現了其不可或缺的價值，從汽車和航太，到石油和天然氣開採設備，再到生物醫學的植入體和醫療器材等，都需要鑄造技術的支持。

　　鑄造業在各個產業中扮演著重要角色，更為生物科技醫療產業的發展，提供了必要的相關資源。

臺灣鑄造產業的重要性

先進國家都擁有強大的鑄造產業，鑄造業是製造業的推進引擎，也是國家經濟發展的重要基礎。鑄造業不僅能夠為國家創造就業機會和經濟效益，還能夠提高國家的產業水平和技術水平。

鑄造就像是臺灣現代工業的神經脈絡，它是生產許多關鍵產品所必需的。主要客層包括工具機、產業機械、能源設備零組件、民生及生醫等領域，都需要鑄造技術和產品。

根據金屬中心調查統計，臺灣鑄件年產量約 140 萬公噸，年產值約新臺幣 900 億元，名列全球第 15 大生產國，臺灣的鑄造業是全球重要的鑄造產業之一，其產值和技術水準，一直保持在世界領先的地位。2021 年臺灣鑄造業的廠商數約為 1,700 餘家，從業人數超過 22 萬人，年產值達到約新臺幣 2,500 億元，名列全球第八位。其中，鑄件產量更是高達 180 萬噸，占全球鑄件產量的 2.5%。

前些日子與認識 10 多年的大鎪科技陳林山董事長，在探討關於臺灣隱形冠軍產業的價值共創。大鎪深耕臺灣鑄造市場已逾 30 年，過去除了火力發電廠，還有做航太相關工程，這次更成功跨足離岸風電產業之基礎建置工程，取得興達海基針之海底基座噴砂作業的合作案。

大鎪科技此次任務，必須為海底基座量身訂製出高約 80 公尺、面積約 12 平方公尺的大型噴砂設備，以防止海水侵襲，並且符合海底基座可於海底浸泡 20 年、表面不被海水侵蝕之標準。

噴砂是一種針對素材表面進行的破壞性加工方式，透過研磨砂材顆粒對表面衝擊，使表面形成凹陷，以達到除金銹、去毛刺、去氧化層、應力處理、摩擦系數調整、精密度調整、高附著力、美化、霧化、消光、提升表面光潔度等效果。然而，對於大鎪科技而言，海底基座是一項全新的應用，也是一大技術挑戰。

過去大家總開玩笑說「用愛發電」，但除了愛以外，臺灣的鑄造業在風力發電產業中，扮演著非常重要的角色。全球現在共有 18 個最佳風場，其中 16 個位在臺灣，這使得臺灣成為全球最大的風力發電機市場之一，並且被譽為亞洲

的風力能源之都。

　　隨著全球對於環保意識的提高，綠色能源將會成為未來的發展趨勢，臺灣作為亞洲的風力能源之都，透過綠色環保、節能減排等方式來扮演重要的角色。能想像得到嗎？綠色臺灣有機會成為全球綠色能源的中心之一。

　　臺灣的鑄造業在面對挑戰的同時，也在不斷探索和創新，為市場和社會做出了巨大貢獻。未來，隨著全球市場的變化和需求的不斷變化，鑄造業仍將面臨著許多挑戰，但透過持續的創新和轉型，鑄造業仍有著廣闊的發展前景。

公益與生意的永續

　　也許很多人可能不知道鑄造業，但疫情期間，大家肯定口罩不離身。當新冠肺炎疫情在全球爆發時，口罩成為了人們生活中不可或缺的物品。然而，臺灣當時卻面臨了口罩短缺的困境，就在人民的健康安全岌岌可危這個危急時刻，臺灣鑄造產業、工具機產業與關鍵零組件相關產業，展現了它們的軟實力，跨域、跨界組成了口罩國家代表隊，全力投入生產口罩的行列。

　　東台精機、永進機械、源潤豐鑄造公司是我們十幾年的老朋友及老客戶，它們是這次的「工具機國家隊」，也是後來稱之的「口罩國家隊」成員之一。臺灣的鑄造產業除了生產高品質且大型的鑄鐵件，還擅長整合熱處理、加工等後製程，展現了強大的製造實力。

　　回想起疫情開始的大年初二，政府透過工學會，開始著手及詢問所謂的口罩相關產業，詢問之下得知，因臺灣的口

罩市場早已經外移，幾乎90％都是進口。當時只剩兩臺久未使用的傳統口罩機，如要在短期間大量生產口罩，是相當難以克服的。

而也正因臺灣大部分都是中小企業以及中堅企業，因此得以迅速將資訊傳遞，聯絡到各個公司的主管或者是老闆。透過跨域共創及整合，很快地將口罩機改為自動化、無人化，更有效的生產口罩。

然而透過臺灣的生產製造優勢，以及產業間的供應鏈合作，成功生產了92條自動化口罩生產線。這也是當時政府與口罩國家隊規劃一連串的「製罩」執行專案計畫，好讓口罩製造廠商提高生產批量，並確保口罩材料供應無虞，打造跨業合作。

這次的疫情挑戰，這些口罩國家代表隊的成員都是自願參與，沒有領取國家薪資，並攜帶自己的工具箱前往生產現場，負擔自己的食宿。他們的家人全力支持，認為這是一件值得做的好事，大家都深信「做好事的人會有好報」。

透過協助政府生產口罩機，他們或許能讓更多人了解臺灣製造業的重要性，以往大多數民眾可能不知道鑄造和工具機的作用，而現在能夠參與這樣有意義的事情，讓他們深感

欣慰與自豪。疫情挑戰下，臺灣鑄造產業的另一面，不只是在製造高品質的工具機和鑄造件，還能夠在緊急時刻發揮自己的實力，為社會做出貢獻。

2020 年 4 月初起，臺灣開始能夠援助其他疫情嚴重的國家，彰顯了國際互助的精神，並獲得了各國的高度評價和感激。這樣的團隊合作精神，正是臺灣口罩產業鏈所具備的核心競爭力——**製造力和應變力**所代表的。

臺灣口罩產業鏈在疫情爆發期間，不斷調整生產線，展現出產業多元化和創新的能力。這些物品不僅供應給國內市場，還出口到海外市場，為臺灣的國際形象加分。臺灣鑄造產業在疫情中展現出的實力和創新能力，不僅為臺灣贏得了國際肯定，也看到了這個產業的無限可能性。

鑄造產業的軟實力

鑄造一詞，臺灣稱之為「翻砂」，但 Foundry 翻譯卻也叫「晶圓」。而將熔點高的固體熔化成液體的過程就是熔解，也是鑄造製程。就連全世界最重要的 IC 製程——矽晶圓長晶製程，也是鑄造工藝的一部分。

矽晶圓長晶製程，是 IC 半導體產業重要的製造工藝，是將高純度的矽材料放入坩堝中，加熱至 1420 度的高溫下熔解，然後透過特定的設備逐漸冷卻，最終形成一塊完整的矽晶圓。這塊矽晶圓被稱為半導體晶圓，是 IC 製造的基礎材料。

鑄造，從最初的黃銅器具到現代高科技製造，扮演著重要角色，也是各種產業發展的重要基石，如矽晶圓、生物醫療假牙固定架、汽車引擎與機器零件的製造等。而隨著時代的進步，3D 列印技術和數位化製造技術的出現，為鑄造工藝的發展帶來了新的機遇和挑戰。

鑄造技術之所以能不斷創新演變，完全歸功於軟實力，這個產業的特色，是讓技術與客戶要求不斷緊密相連。亞洲唯一的黑手女頭家——翻砂婆涂美華董事長，就做了很好的示範。

涂董原本嚮往教職，卻成為黑手頭家，她接手爆發掏空疑雲、甚至面臨客戶抽單、銀行抽銀根危機的金豐機器，以及被稱為黑手中的黑手、沒人要經營的穎杰鑄造廠。她領導兩家冠軍黑手廠，是金豐機器董事長及國內最大鑄造廠穎杰鑄造工業的董事長，前行政院長毛治國甚至對她投以大拇指的讚賞。

我們跟涂董已經相識超過 20 年，在 2021 年當我在迎接家中新生兒時，她還特別送了一塊彌勒佛玉佩，她說：「活多久不重要，精彩才是重點。」

涂董接手金豐機器董事長一職之後，公司在六個月內重新站穩腳步。2014 年，金豐機器的合併營收突破 70 億元，是過去六年來的最佳成績，顯示出涂董的果斷與明快決策。

涂董對於產品、品質、客戶態度強硬，不容妥協，印證了「鐵娘子」的威嚴。她在穎杰鑄造廠第一次的營業會議

上，下達了命令：「顧客有問題，必須在 24 小時內即刻解決。」供應鏈或需求客戶若有疑問，團隊將無所不用其極想辦法解決。

在經營上，她以改善員工的工作環境為首要目標，提高了工作品質和滿意度，進而提高公司競爭力，保持技術優勢，讓公司能夠永續經營。

她引進德國的鑄造蓋廠技術，改善工廠的通風設備，讓員工不再倍感苦悶，更因煙囪效應而不用吹冷氣。

為了吸引年輕人加入公司，涂董採取了具體的行動，例如如果有人能找到吸引年輕人的誘因，就給予一萬元獎金等，並保持每個部門三個年輕人以上，以解決人才斷層的問題。

涂董也給中高齡、外配機會，讓技術傳授於本國工作者。透過涂董的努力，公司保持了技術優勢，吸引了更多客戶，提高總體效益。

遇見能源產業的曙光

　　推動非核家園，一直是臺灣的重要議題，然而，義大利已在 60 年前停止使用核能發電。如今，企業的永續發展已成為 ESG 的重要指標，產、官、學、研皆十分注重 ESG 和 SDGs。

　　我們公司（全弘實業有限公司）在 30 年前成立時，一直秉持科技加環保的經營理念，並持續引進適合的產品和設備，跟隨歐美的步伐。以前的火力發電主要使用煤碳，這已是眾所皆知，即使到了現在，一些鑄造廠和煉鋼廠仍在使用焦炭作為能源。

　　30 年前，我們的客戶源潤豐、豪慶及源合興（巨典）等三家鑄造廠，便已關注這個問題。我們帶著潤豐及源合興（巨典）前往義大利取經，光來回歐洲，對設備進行了無數次的評估。後來在我們公司的協助下，陸續安裝了使用天然氣作為能源的熔解爐。

當時，自來瓦斯的使用並不普及，費用也很昂貴，因此鑄造廠大部分選擇改成電力或焦碳做為能源使用。現在，臺灣電力公司也將原本的燃煤漸漸轉換為天然氣發電。使用乾淨能源可以降低 CO_2 的排放，以電力能源的電力電弧爐，也轉變為高效能電爐。

　　這些都是鑄造廠目前可改變的現狀，然而到了現在，ESG 和 SDGs 成為顯學，從以前的節能減碳、減廢，到現在的淨零碳排，鑄造產業不遺餘力的在做轉型，也響應 ESG 永續理念。

　　因為臺灣在全世界的貿易障礙非常高，例如 CPTTP（跨太平洋夥伴全面進步協定）、FTA（自由貿易協定）、WTO（世界貿易組織）等等關稅互惠，因此臺灣更重視 ESG 和 SDGs。

　　去年，低碳產業永續發展聯盟（LCIA）成立，源潤豐鑄造廠的第二代總經理黃獻毅，當選為該聯盟的首任理事長。正是由於源潤豐董事長黃加在的遠見，才能讓有共同理念的企業第二代實現永續發展。

　　臺灣的出口製造業，正面臨著一個無法回避的問題：淨零排碳。隨著全球淨零排放趨勢，與歐美碳邊境調整機制逐

漸形成，臺灣的廠商正面臨著一個巨大的轉型挑戰，必須迅
速轉型成為低碳或零碳的製造業，以符合全球越來越嚴格的
環保法規，以及消費者對環保意識的提高。

　　這不僅是一個經濟發展和國家形象的問題，更是一個人
類未來生存的問題。因此，低碳產業永續發展聯盟（LCIA）
成立了，旨在集結上下游產業鏈，協助中小企業達成淨零排
碳的終極目標。該聯盟由 20 個公協會、10 所學校及研究
單位等共同成立，其目標是促進臺灣製造業的轉型升級，打
造低碳綠色供應鏈。

　　作為低碳產業永續發展聯盟的成員之一，我們公司一直
秉持著科技加環保的理念，積極響應，促進產業升級，以提
高生產效率和降低環境影響，並提供對環境無害的產品。

　　我們將秉持三十年不變的企業經營理念，我們相信，只
有科技和環保兩者相結合，才能夠實踐永續經營的目標。

遺失的媒好

「碳排若不歸零，人類就會歸零。如果現在不做，不會有下輩子的機會。」這是微軟創辦人比爾‧蓋茲在 2021 年《如何避免氣候災害》一書中，提醒我們勢在必行的氣候改變問題。

還記得 20 多年前初次拜訪鑄造廠，那時環保意識尚未普及，初次走進工廠時，工廠裡的焦炭燃燒產生的黑煙四處飄散。你永遠猜想不到，出來接待你的人是誰？有可能就是老闆、總經理或廠長，當護目鏡脫下時，只有戴著護目鏡的地方是乾淨的，整個臉都是黑的，有點像宮崎駿作品《龍貓》裡的煤炭精靈。

19 世紀，英國經濟學家傑瑞米‧班瑪也認為煤炭擁有豐富的儲量，易於開採和運輸，可以為工業提供快速和廉價的能源供應，進而推動經濟的發展。火力發電廠和煉鋼廠，因為行業類別被歸類為同一類，煤炭是除了再生能源外，最

需要改善的項目之一。

然而，隨著時間的推移，人們逐漸了解到煤炭帶來的環境影響。東元電機是我們的老客戶，過去一直在尋找新的能源設備，將生產過程轉移到更加環保和永續的方向。

幾年後，隨著企業的成長和社會責任的提升，東元電機的設備已改安裝成電爐在熔解。新的設備啟用，但老設備卻也沒有被遺忘，我們拜訪時還可以在工廠裡看到它，彷彿是土地公坐鎮。

另一方面，其他鑄造廠當然也有汰換舊有設備的案例，像是我們認識快 10 年的員合鑄造的黃董，也和我們分享焦炭時代的過程。他的小孩年幼時在工廠玩，手拿著焦炭，外型顏色黑黑，過程就像玩泥巴。

但在 20 年前，有一次焦炭缺貨和大漲價，讓他們未雨綢繆，提早更換成電爐。更換的過程也是需要徵求爐公（爐子神明）的同意或告知，需要非常謹慎，畢竟過去化鐵爐需要用焦炭來當能源熔解。

現在，隨著全球氣候變化和環保意識的提高，人們越來越關注煤炭對環境的影響。燃燒煤炭排放的二氧化碳，是溫室氣體的主要成分之一，也是全球氣候變化的主要原

因之一。

　　同時，燃燒煤炭會排放出二氧化硫、氮氧化物等汙染物，對空氣和水質造成嚴重汙染，對人類和生態環境造成危害。

　　因此，我們需要更加乾淨、可永續的能源來取代它。對於鑄造產業而言，會考慮使用電爐（用電熔解）、轉爐（用天然氣熔解）或其他乾淨能源做替代品，降低煤炭的使用量，同時採用先進的環保技術和設備，盡量減少對環境的影響。

　　或許是一段歷史，這並不是一個簡單的轉型過程，需要企業、政府和社會各界的共同努力和配合。企業可以進行技術升級，改變生產方式和能源結構；政府可以制定相應的政策和法規，推動清潔能源的發展和應用；社會各界可以透過宣傳和教育，提高公眾對環保的意識和理解，推動環保事業的發展。

設計與人工智慧協創

關於作者

陳青瑯

工業設計師與設計管理者。曾擔任跨國企業
及大型設計諮詢公司設計部門主管,熱衷創
新思維推廣及應用、設計教育與設計管理能
力提升。專長於消費性產品設計、設計研究
與設計策略。

長年參與國際設計獎項競賽事務,並擔任評
委及推廣者,目前往來臺北及深圳兩地,為
企業管理顧問及實踐大學創意產業管理博士
班學生。

WMBA 學習心得：圖像跟文字的交叉思考

　　身為工業設計師，長期在工作中被圖像、影像和工程圖包圍，工作中也一直以「一張圖片勝過千言萬語」（A picture is worth a thousand words）來安慰自己對於寫作的畏懼。

　　事實是我的工作跟思維形成了腦中的「語言遮蔽（Verbal Overshadowing Effect, VOE）」，也逐漸喪失了對文字敘事的能力與勇氣。

　　在李慶芳與吳仁麟兩位老師的指導及同學的陪伴下，WMBA（三意 AI 思創塾）的課程讓我獲益良多，也慶幸自己戰勝了當初的猶豫不決，參與這個課程，讓自己腦中的文字神經有機會活絡起來，強迫我的左右腦開始對話與聯結。

　　希望也能利用寫作的方式，分享我所獲所得：我的人生、我的研究和我的啟發。

1. 利用故事這個強大的轉化器

　　故事不只是我們理解世界的基礎，也是我們組織和理解資訊的一種方式，我們的大腦更善於記憶故事，而不是隨機的事實或數據。最重要的是，動人的故事給我們情感觸動與共鳴，偉大的故事讓我們穿越時空與文化。

　　從遠古神話、歷史人物、科技新貴到臥室網紅明星，我們愛聽故事，也各自由不同故事中獲取知識、訊息與啟發。故事是一個強大的轉化器，我發現最偉大的作家，也都是最好的說書者。

2. 讓讀者讀到寫作的你

　　寫作的過程是一種自我揭示的旅程，儘管現今有很多工具可以協助我們寫作，但寫作絕不僅僅是將字句寫在紙上的技術，而是一種自我表達的方式，如同藝術家的筆觸，文字是自我理解的反映，讀者在你的文字中，看見了寫作的你，並透過文字與你建立聯結。

　　寫作者必須將自己投射到文字之間，行行句句，都是你思維的痕跡。我喜歡閱讀時書中傳達給我的訊息、知識，也

同樣地喜歡在文字中感受作者獨有的人格特質跟智慧。

3. 文字的傳遞漣漪讓共鳴更加長久

文字是人類歷史上最古老的知識和資訊傳遞工具，除了充滿各種文化見解和故事，而且為人類開闢了超越功能層面的想像空間和解釋。

它也存在一種魔力、一個創新的觀點、一個振奮人心的故事，甚至一個意味深長的詞彙，都可以如同石子擲入湖面，產生漣漪，並在讀者心中引起共鳴。

這種共鳴將持續擴散，影響力持久而廣泛，跨越時間與文化，它的力量遠超我們的想像。

4. 書籍閱讀的啟發與修行

我們的生活充斥著各種資訊和文字，無論是工作、日常生活，還是我們無法避免的手機廣告。

然而，我們往往只是被動地接收這些文字，而少有主動創造深入人心的文字意識。持續的書籍閱讀，是對新觀點及知識的接觸方式，它讓我擴大視野，並鼓勵自己超越現有的思維框架。而寫作，則是回應這些新知的方式，是表達自我

及反思啟發的紀錄，對於文字恐懼的我來說，大量閱讀是我的修行，而寫作是我的自我調適和治癒。

　　我的修行可能才剛開始，也許我的左右腦還在尋找最佳的對話方式，但透過這種課程和練習，我希望更多的人能走進寫作的世界，或從寫作的恐懼中解脫出來。

　　透過個人的思考濾鏡，我們可以將自己的經驗，透過文字帶領讀者進入一個獨特的敘事空間和體驗。

設計師：一個被迫創新的工作

　　對於工業設計這個領域，在踏入校園之前，我所知甚少。當我試著解釋這個專業給我的家人長輩，從他們臉上困惑的表情才讓我意識到，很少有人能夠說明工業設計是什麼。直到我上了一門「運輸工具造型」課後，才燃起了對這個領域的熱情。

　　原來工業設計就是創造漂亮的產品外觀與形態，至少這個認知支撐著我完成大學的學習，那些無聊的微積分跟經濟學，讓我坐立難安。

　　直到我從事第一份設計工作，才知道原來工業設計師還要瞭解目標用戶、營銷策略及生產技術，創建漂亮的產品外觀，只是整個過程的一部分，許多令人驚豔的設計，最終因為考慮不周詳，都被扔進了廢紙簍。

　　回望 18 世紀末至 19 世紀中葉的歐洲，第一次工業革命，透過引進蒸汽機的發明和應用，改變了技術和生產方

式，進而改變了全球的經濟、社會和政治格局。在工業革命初期，英國的棉紡織業開始大量使用機器生產，這些機器大大提高了產品的生產能力和效率，滿足了快速增長的消費市場需求。

隨著大規模生產的興起，產品的同質化和競爭加劇成為了問題，為了在大量生產的背景下讓產品顯得與眾不同，吸引消費者的眼球，一群致力於提高產品外觀和功能競爭力的人應運而生。他們是人類歷史上的第一批工業設計師，儘管這個職業名稱到 20 世紀初才正式被使用。

如今，生產技術的飛速發展，使得即使是大規模快速生產，也不再是設計的限制。蘋果電腦利用 CNC（電腦數值控制加工機）加工技術，打破了大規模生產的生態，低公差而精緻複雜的產品，都在精密的數位控制機器下生產出來。

所有的電子產品，都是在 CNC 機床下一刀一鑽地生產出來，過程複雜耗時，但一切都在電腦的控制下，無需人工干預，全天候運行。這些工廠被稱為「關燈工廠」，因為裡面不需要工人。

在這個以市場和消費者為導向的時代，隨著生產的限制逐漸突破，產品的個性化和情感化，開始成為競爭的關鍵。

對於細分市場和獨特價值的捕捉，使得產品開發更加注重消費者的感性需求和價值觀。設計師必須更深入地瞭解消費者，知道如何激發他們做出購買決策。設計師的創新，不僅僅體現在美麗的外觀設計，更需要能夠觸動消費者的心。

產品或服務不僅僅是簡單的商品交易，從購物過程、展示、售後服務到使用，更串聯起了一個以全體驗為主的品牌形象和承諾。強調觀察和理解用戶需求、期望和行為模式的設計思維（Design thinking），正在推動新一代的設計師和設計使命，向更廣泛的創新和人文精神的結合。

工業設計不再僅僅是評判產品外觀漂亮和功能優良的標準，設計也被視為推動創新的公司治理指標，和與消費市場的溝通者。美國設計管理學院（DMI）的報告指出，以設計為主導的公司，在股票市場保持了顯著的優勢。DMI認為，世界上最具創新力的公司有一個共同點，都將設計視為一種綜合資源，用於更有效、更成功地進行創新。

這個職業，從一開始因為大規模生產的困局而誕生，如今已經從被迫創新轉變為領導創新的角色。

挖掘表面之下的需求

在一次設計項目中，我們安排了進入用戶定性調研活動。這個調研進行了三天，我們進入年輕人的單身公寓，探訪他們的生活起居及租屋環境，跟他們一起工作、購物、玩樂、聚會，除了睡覺休息，我們一組人就是這位受訪者的影子。事實上，這個調研的方法就叫「影子」（Shadowing）。

我們發現，這群初出校園的社會新鮮人，對於生活品質有高度追求，但基於較為狹促的租賃空間限制，現有的小家電產品，無法滿足他們的需求，輕巧、實用而且重視「顏值」，才是真實的需求缺口。

而這個調研的結果，也引導了新一代家電設計方向，朝向微型化的趨勢——微型電鍋、攜帶型果汁破壁機，及易於收納的移動洗衣機……等等。

在進行設計概念發展前，設計師必須要持續地對設計產生疑問，最終的目標是什麼？消費者在想什麼？需要什麼，

期待什麼？他們希望能從這一系列的思考和探索過程中找到答案，這就是我們所說的設計研究（Design research）。

　　與其他商業研究不同的是，設計研究是一種由創新思維驅動的，並由實踐與事實所推進的方式，進行問題解決的全面過程。它的目的並非只是要找出最經濟、最有效率的解決方案，而是要找出最人性化、最尊重人的解決方案。

　　設計研究關注的是「人」的角度，它是內向的、定性的，強調理解和共情。設計師試圖理解用戶的真實需求，揣摩他們的感受，並將這些理解應用在設計解決方案中。

　　設計研究可以看作是一種「人類學」的濃縮與延展，因為它試圖理解人們如何與世界、產品和服務互動，以及如何解決他們的問題。事實上，人類學家及人類學研究方法，也被聘僱及引用在諸多的創新項目中。

　　設計研究的重點，包括了三個核心要素：可持續性（Viability）、渴求性（Desirability）和可行性（Feasibility）。可持續性考量產品或服務的經濟效益，它能否支撐企業的運作，其商業價值如何；渴求性則是衡量用戶對產品或服務的需求程度，即產品在市場上的吸引力；而可行性，則涵蓋了產品或服務的技術可行性、資源利用和實

施的可能性。

透過設計研究，我們可以更深入理解人類、社會與文化之間的關聯與交集，並以設計為工具，找到創新的問題解決方法。從現實的挑戰中，提煉出啟發性的洞察，並在這個過程中獲得啟發，進一步將這些洞察，轉化為具有社會價值和商業價值的產品或服務。

洞察的祕密，在於挖掘表面之下的需求。擁有洞察力，並不只是對收集數據的解讀，也是對人類心理、社會結構和文化背景的深刻理解。在這個科技高度發達的時代，真正的洞察力，更多的是來自於我們對人類自身的理解。畢竟，無論科技如何變革，人類的基本需求和情感，仍是我們創新和決策的核心。

如同我們在觀賞電影時所感受到的震撼和激動，視覺藝術的真實力量，常常不在於敘事的巧妙構造、攝影的精緻藝術，或者主角的精湛演繹，儘管這些元素都有其必要性，但真正使人心動、感到共鳴的，往往並非僅此。

真正動人心弦的設計，實質上超越了這些理性的條件，它需要的是那種能深入人心、揭示人性需求的關鍵，必須藉由對人性深處的洞見，來滿足我們的渴求性。

創新的團建活動

　　某一個週五下午，辦公室邀請了一位調酒師，替同事解說、示範及製作他那杯在國際雞尾酒得冠的作品「Take a break」。這是一杯盛放在方型檜木酒器中，混合著日本煎茶味的威士忌，及手工製作的檜木糖漿調製而成的雞尾酒。它的口感、味道和視覺體驗，都讓人驚豔不已、嘖嘖稱讚。

　　每週五下午的兩點至五點，設計團隊會度過一個特別的時光，我們稱之為「超級星期五」（Super Friday）。在這個時間，我們會企劃一個特別的活動，分享和交流各種學習心得、工作經驗，甚至是某些特別的興趣話題，比如前面提到的「雞尾酒的創意設計與啟發」。

　　在我們眼中，每一位設計師的心智就像那個雞尾酒杯，充滿了不同的思維和經驗，這些元素與他們的日常生活和工作緊密交織。我們希望透過這種混合和調配，能創造出一種既芬芳四溢又充滿獨特風格的體驗。

　　管理設計團隊的挑戰，在於如何有效地引導和激發這群滿腔熱忱又渴望在創新中突破的知識工作者。我們深知，設計管理的關鍵，在於增強設計師對創意思維的感知，以及建立跨界連結。

　　因此，我們策劃了一系列活動，例如「超級星期五」、「逃出辦公室」（讓設計師更深入了解實際的田野工作），以及「冠軍銷售員」（讓設計師親身參與銷售工作）等。希望透過這些活動，幫助設計師將他們的思維焦點，從「解決設計問題」轉移至「解決人的需求問題」。

　　我們熱衷於推廣「交相授粉」（cross-pollination）的創新理念。在自然界裡，交相授粉是指花粉透過風、蟲、水、鳥等傳播方式，從一朵花傳至另一朵花，從而形成新的種子，使植物的基因多樣性得以增加，來增強其適應能力。

　　同樣的，我們希望設計師也能像花粉一樣，在不同的領域、行業或技能之間進行探索和創新，將看似不相關的事物或概念轉化、組合，進而產生創新的想法或解決方案。

　　如果將創新視為燃燒的火，那麼資源就是燃料載體，問題解決的技巧和工具，就是必要的氧氣。這場火的燃燒，還需要一種關鍵的條件——創新氛圍的溫度。這種意識能量對

於設計管理來說極為重要，它能夠激發創新思維，為團隊提供必要的支持和資源，並促進團隊間的合作。

　　只有在一個積極、開放且能鼓勵創新的環境中，設計師才能最大程度地發揮他們的創造力，進一步提升自己的專業能力，並實現更有價值和創新的設計方案。

　　我們鼓勵設計師探索自己除了工作之外的興趣領域，這種探索的過程與解決問題的本質非常相似，都需要調查、分析和理解，都需要創新思維和解決問題的能力，以及耐心和毅力。

　　在探索自己的興趣過程中，需要不斷學習和摸索，以深入理解並掌握各種知識和專業。這不僅能讓他們更好地平衡工作與生活，也能增強他們解決設計問題的專業能力和專注力。

　　在設計管理上，我們花了很多精力在「管人」而不是「管事」。終究原因，我們認為進行跨界、聯想而產生個人對於設計及生活上的啟示，對專業發展和工作效果會產生積極的影響。

　　只有人的問題解決了，事的問題才能水到渠成。

設計修練場

　　今天是一個設計專題的討論會，主角是 55 吋液晶電視的外觀設計方案。它是一個手工打造的擬真全尺寸模型，製作花費了一萬美金，除了不能開啟螢幕之外，它跟真的電視無異，包括了遙控器及附件。

　　今年的設計主題是暗銀色金屬的細緻邊框，電視下方連結著明顯的布質音響及亮銀色金屬底座。為了客觀呈現使用狀態，我們展示了掛牆及放置在電視櫃的兩種形態。

　　我們對設計發表很慎重其事，也在正式發表前替模型蓋上方布，除了防塵，主要是保持神祕與敬重。它們每一款都是團隊心力的結晶，也是大家共同克服困難的成果。打開方布之前，主設計師會敘述設計故事及主題，然後在大家期待之下揭開面紗，進行一陣陣的討論。

　　設計討論會是一個特別的場合，除了公司的年度大會外，我們很少能看到眾多的專家和同事齊聚一堂。我們把討

論室布置成真實客廳的模樣，沙發、花卉、擺飾一應俱全，地上也鋪上了時尚的地毯。在這個 60 平方公尺的空間裡，來自不同領域的同事們匯聚一堂，包括銷售代表、工程師和設計師，以及各部門的主管。

這個被我們稱為「X Lab」的空間，是一個獨立於辦公室的場所，出於對祕密和價值的保護，除了設計團隊外，其他人的出入都受到嚴格的管制。它就像一座設計的圖書館，所有我們過去實驗過的項目、正在試驗的設計和各種材質與顏色的樣品，都收藏在這個不起眼的房間裡，它是設計團隊的知識寶庫。

除了 X Lab，公司內還有許多其他的討論空間，每個空間都有其特定的功能，目的是為了在真實的場景中，進行有效的溝通和創新思考。這些空間為參與者提供語境，影響他們的行為，並使他們共享並創造意義。這不僅強化了團隊文化，也鞏固了集體記憶。

「儀式」、「場域」及「敘事文化」在交互運作，同時也幫助建構了強大的團隊意識，「一起」建構意義的化學作用在無形中產生。

儀式，提供了一個機會，讓我們可以在特定的時空裡，

共享和確認我們的核心價值觀和信念。這些價值觀和信念，在儀式中被形式化和象徵化，從而得到了強化和驗證。參與者也在儀式中找到自己的身分和角色，並期待儀式所傳達的意義，被公開展示和強調。

場域，無論在物理環境中還是在線上社群中，都提供了一個共享的空間。在這個空間裡，我們可以互動和溝通，創造和傳遞記憶，並建構相關的情境和語境。這些互動，塑造了一種集體的經驗和意義，間接形成了我們的集體價值觀與記憶。

而敘事，則將我們的經驗、理念和價值觀具體化，使之更容易被理解和接受。設計師們喜歡用故事塑造使用者的身分和角色，形塑他們的價值觀，並激發我們的同理心。故事不僅影響我們的感知和情緒，也解釋了我們為何進行某些行為。

在這些看似微不足道的設計日常工作狀態、場所與溝通行為中，我們建構出了設計團隊的意義，也形塑了我們的團隊文化，就像一個生態系統，共同創造出一種獨特的動力。吵雜、辯論、爭執和笑鬧的討論空間，成了設計師最重要的修練場。

混合的未來創新人

　　大學三年級的設計課堂裡，年輕的學子們，正為他們的專題作品進行正式而專業的發表，主題是「某品牌的 Z 世代產品策略」。

　　內容很豐富，包括了對 Z 世代用戶研究、競爭品研究、社群營銷策略，以及新產品設計方案和手機端 APP 介面設計。他們的儀表整齊，展示文件極具專業水準，年輕稚嫩的臉龐和疲憊的眼神，似乎是唯一能夠暴露他們身分的特徵。若不是這些特徵，你可能會誤以為這是一場富有激情的創業公司路演現場。

　　經過一個世紀的演變，設計教育已從單一的藝術領域，發展成為一門融合多學科並強調實踐的學問。如今，它已不再局限於設計美學領域，而是涉足創新開發和商業範疇。世界各地的商學院，包括臺灣大學、政治大學、哈佛大學和史丹佛大學……等，都將「設計思維」納入了他們的 MBA 課

程核心內容。

　　因為在多元複雜的世界與局勢中，我們的目光不應僅僅鎖定於現有的困境，而更應該透過創新思維去尋找解答。這些需要培養具有創造力、批判性思維和解決問題的能力的人才，他們能將設計思維視為一種工具，將使用者的需求置於核心，以同理心和創新思維，面對和解決各種挑戰。我們傳播創新想法。

　　設計教育的本質在於：培養具有創新思維、問題解決能力、溝通與協作技巧、批判性思維、審美鑑賞能力、靈活性和適應力的學生。無論是在創新開發領域還是商業領域，設計教育已不再是過去那個只關注美學的學科，而是成為了面向未來的、跨學科的創新力量。

　　設計專業的發展及設計議題日益複雜的啟發之下，設計教育專注三個重點：**傳播想法**（thinking）、**教導技巧**（asthetics）及**訓練心性**（mindset）。

　　科技的發展，確實為人類提供了豐富的物質和情感需求，但我們也必須承認它所帶來的挑戰。在這個充滿競爭的世界，如何創建和維持美好的生活品質，成為一個重要課題。

設計美學融合了藝術、科學和人文，引導探索人類對美的追求。透過對色彩、形狀和空間的研究，設計能夠創建和諧的環境，提升人類的幸福感。我們教導如何設計及評判美的事物。

教育不再僅僅是灌輸知識，更需要培養一種能夠應對挑戰的心性。這包括勇於承擔風險、擁抱失敗、持續學習和跨界合作的能力。在設計教育中，這種心性的培養尤為重要，因為它有助於學生在面對不確定性時保持冷靜，並激發他們的創造力和適應力。我們訓練學生堅忍能適應的心性。

也許包括了所有教育範疇，都應該進一步思考教育的本質、教學方法、知識傳授以及與學生的互動行為。教育除了教授知識和技能，也包括培養學生一種靈活適應的心態和能力，以應對未來的挑戰和機會。

這些能力不僅是未來成功的關鍵，也是面對不確定性和變化時保持冷靜的必要條件。善用新科技與工具助力教育成果的效果，培育新世紀的優秀人才。

在這個瞬息萬變的世界裡，現在以及新一代人才，必須是交叉生活形態、跨界、多元的混合型工作與心智，我們的教育需要培養的，是混合型的創新人。

設計的未來實驗室

　　在今年的臺灣設計畢業展覽上，一項作品吸引了我的目光。這件作品運用了最新的食品列印技術，採用全素材料，製作出各式各樣的植物肉餅。這部機器看起來簡單、成熟，甚至像一臺平凡的家用咖啡機，然而其設計理念前衛且具有爭議性。儘管我認為它不太可能獲得大家關注與讚賞，但我給予了高度評價，因為它所引起的思考不僅僅是設計本身，還涉及到環保、健康和科技等話題。

　　類似這樣的作品，透過設計來探索未來的生活方式，或者試圖引起人們反思，我們將其稱為**推測設計**（Speculative Design）、**未來設計**（Prospective Design）或**概念設計**，這些都是以未來為導向的設計。

　　這些以未來為導向的設計方案，起源於學校教育環境，它們以實驗性的呈現方式來表達或挑戰社會議題。這鼓勵設計師擴大視野，關注新興技術和社會變革，這些方法使設計

師對未來趨勢有更深入的理解，從而設計及思考相關的產品服務與使用場景。

　　企業和相關領域，也逐漸將這種設計方法引入設計實踐，儘管尚未受到大眾的廣泛關注，像 IKEA Space 10（宜家概念實驗單位）、Google X（谷歌神祕實驗室）等許多關注未來發展的企業，都在進行相關的實驗和探索。

　　消費文化促進社會發展，也造成多元複雜的社會議題。設計是個鋒利的兩面刃，面向未來的設計概念，鼓勵設計師反思當前的設計方法，批判性地看待消費主義對設計的影響。推測設計有助於設計師擺脫僅僅追求商業利益的束縛，讓他們能夠在目前設計產業發展的趨勢下，做出適當的回應和發想，尋求更合適的未來發展路徑及面貌，或是我們沒有觸及到的議題。

　　面對複雜的設計議題及挑戰，傳統的設計方法及結果，無法滿足未來社會的需求，我們應該將設計思維應用於公共政策、教育和環保等領域，探索更具社會意義的目標，而非僅僅創造具有商業價值的產品及服務。

　　近年來，設計及設計思維被視為一種跨學科的解決方式之一，它可以應對各種不同領域的挑戰。複雜的社會議題，

單一領域的知識和技能，可能無法找到有效的解決方案，設計師需要學會從多個角度分析問題，並將不同領域的知識和技能結合起來，以創新思維提出解決方案。

透過討論未來的場景、趨勢與科技，這些未來性設計，呈現出非主流性的實驗概念。這些作品充滿著思辨、批判、忤逆或些許悲觀的未來假想與虛構。有很多時候，他們的設計意圖不易讓人理解，或與主流設計大相逕庭，因此容易被冠上「概念藝術設計」的標籤。

然而，這種設計的意圖不僅僅是解決問題，更是透過質疑、假設以及對現有大量生產設計的局限性，和全球消費文化無法控制的擴張，提出挑戰及抵抗。它探討了設計的潛力和疑惑，並透過設計手法，激發（或激怒）社會更廣泛的思考和討論。

傳統設計將無形的意義、文化和價值轉化為有形物品。隨著物質生活和科技的快速發展，現代設計反過來使我們思考更多關於態度、信仰和意識形態的無形問題。這些以設計為載體的思想實驗，可能為我們提供了一個全新的視角，以探索未來，包括人工智慧。

未來的設計實驗，讓我們有反思及討論的機會。

人腦與電腦的交流

　　草圖討論在整個設計流程中，是最讓我喜歡也感到興奮的階段。我們會把草圖一起釘貼在大板子上，然後站在前面討論一番。其中交雜著不同意見、嬉鬧與肢體語言，也參雜著老手、新手設計師的設計溝通跟意見碰撞。這種獨特的交流方式，帶有某種模糊的美感和無法確定的樂趣。

　　這是一個探索解決的過程，使我們能以一種輕鬆和尊重不確定性的方式交流。這裡不只是單純的設計調整，如「讓這條線多增加 3 公分以達成更好的平衡」，而是一種更抽象的討論，例如「考慮我們的目標客群，是否嘗試放鬆或親人的線條或比例的組合」。這類別而具暗示性的語言與肢體表達組合，是設計師們之間的特別溝通方式。

　　30 年前，磁碟作業系統（DOS）被設計來傳達人類與電腦之間的溝通，那時候的溝通，只能由專業的電腦工程師進行。對大部分人來說，這種語言是外星人的語言，如

同學習語言一樣，它需要時間、耐心，以及強大的學習動機。然而隨著時間的推進，這些程式語言逐漸變得更為普遍和親近。

人類與機器的交流，一直存在著技術與理解的礙障，是技術上的挑戰，也是知識傳遞上的挑戰。目前以人類自然語言輸入的提示（Prompt），是人類與 AI 交流的主要工具跟途徑，提示語言中，也可能隱含了使用者個人獨特的經驗、想法與知識。

熟悉提示語言的使用者，可以建立良好的溝通基礎，提高提示準確性和有效性，從而更好地傳達使用者的意圖，讓 AI 工具成為你創造知識與創新想法的好幫手。

日本的知識管理大師野中裕次郎，對知識理論有很深刻的研究。他將知識分為兩類，一種是可以被語言表述，可以直接傳授的顯性知識，如數學公式或歷史事件；另一種是我們在日常生活中經驗的累積，難以用語言表述的隱性知識，如烹飪美食，或是如何設計出引人入勝的設計等。他認為，隱性知識的轉化和共享，是組織競爭力的關鍵，並需要大量的社交互動和共享經驗來實現。

面對 AI 的時代，我們不僅需要讓 AI 理解人類的語言，

更需要讓 AI 能夠捕捉我們的隱性知識。如同設計師們在草圖階段的討論中那樣，我們需要找到一種新的方式，來將我們的經驗和洞察力傳達給 AI。這樣，AI 就可以更好地理解我們的意圖，並幫助我們創造出更好的解決方案。因為溝通的本質不僅僅是理解語言的意思，更重要的是知識和經驗的交換。

目前人類與機器的溝通，是一種互相探索與協同創新的過程，需要我們共同努力，以實現更好的互動和協作。我們正在努力提供大量的案例研究、影片、聲音和圖像等形式的資料，讓機器理解這些情境，以捕捉隱性知識的模式和細微差異，從而更好地理解我們的意圖和需求。

我們必須深入思考的一個問題是，當機器可以高效地理解隱性知識，並將其轉化為創新的大數據儲存時，我們是否能夠以對等的方式看待人機間的交流，或者更具深度地開掘出人類生存的價值。這種未來可能會比我們預想的更早到來，而我們的準備是否充分，就成了重要的問題。

數據、算法與創新

　　在一次擔任國際設計獎評委時，我被另一組歐洲評委詢問到中國的審美觀點，並試著解釋為什麼中國市場的電冰箱面板，會有不同於西方市場的花卉圖樣。

　　我發現，認知不同的爭議並不在於「什麼是美」本身，而是他們不清楚在中國市場中，電冰箱在家庭中的意義。

　　在中國的次級市場（鄉鎮），電冰箱不僅僅是一個用於儲存食物的工具。由於室內隔局的不同，電冰箱常位於廚房和餐廳之間，成為家庭的一個標誌，象徵著家庭的生活品質和經濟能力。越大、越華麗的電冰箱，象徵的是更富裕、更具品味的家庭。

　　設計師們在設計過程中，會受到他們自身文化背景、經驗和習慣的影響，而有認知上的偏差。在東亞，紅色和圓形分別象徵著好運和完美；而在西方，紅色和三角形則象徵著危險和創新。因此，設計必須以市場需求為出發點，尊重和

理解不同文化的喜好和習慣，以確保設計產品能夠被不同文化背景的消費者接受。

這種在設計師中發現的認知差異的問題，也存在於我們的人工智慧模型之中。因為 AI 模型由大數據訓練而來，這些數據充滿了人類世界的複雜性和多樣性，也同樣帶有人類的認知和道德偏見。因此，使用有偏見的數據訓練出來的 AI 模型，可能會引發更為嚴重的判斷影響，我們將其稱為「算法偏見」。

收集、清理、處理和整理數據，是數據科學家的主要職責之一，這涉及識別和處理缺失或不準確的數據、標準化數據格式、轉換數據結構等等。並且利用機器學習演算法和人工智慧，來提高決策質量、自動化流程和任務，以及創造創新的產品和服務。然而，AI 和人的合作也帶來了一系列新的挑戰，例如認知偏見和新的道德問題。

另一方面，大數據和模型訓練的運用，可能會導致 AI 產生同質化的預測。AI 算法結果都傾向於推斷出「最可能的下一步結果」，這就像是一把尖銳的雙刃劍，大數據訓練下的預測同質化，可能使我們失去了多元的可能性。

不同於許多人所認為，數據收集和模型訓練，在 AI 深

度學習中並不僅僅是複製和貼上的過程，這個過程更類似於藝術領域的模仿。在模仿過程中，藝術家學習了藝術的基本結構和技巧，以此作為基礎，建立自己的風格。這並不僅僅是對已有作品的複製，而是對藝術和美學原則的理解和體驗。模仿只是他們的起點，他們的目標是創新。

　　設計師與 AI 的協作過程，也必須客觀看待這個從模仿到創新的過程，人工智慧生成工具（AIGC）可以很容易地生成高質量的內容，但如果過度依賴，我們就可能會失去創新的自由和個人的獨特性。我們需要注重培養自己獨特的創新能力和風格。

　　這是我們在這個數據驅動的時代需要面對的挑戰，也是我們在數據科學的旅程中必須解答的問題。在這個探索的過程中，我們需要找到平衡點，既能利用 AI 和機器學習的力量，又能保持我們的多元和獨特性。

　　AI 演算與生成是創新的考古學，進行未知探索與創新的人類思維才是未來。

第五章

時尚產業的美麗與哀愁

- 時尚好創意——價值共創：實體通路品牌引領臺灣設計力的新興浪潮

- 時尚好趨勢——掌握時尚流行趨勢，引領產業發展：專訪流行趨勢專家江夏碧

- 時尚好創意——堅持與累積：讓消費者展現高瘦美魅力的品牌使命：竇騰璜 X douchanglee

- 時尚好生意——讓衣服會說話，展現女性的個性和品味：蔡麗玉 X 克萊亞

- 時尚好買手——巧妙融合理性與感性，引領時尚新潮流

- 時尚好生意——挑戰高端時尚，平價時尚品牌如何在臺灣市場中脫穎而出？

- 時尚好生意——服務創新，實踐業績目標：專業銷售達人的致勝心法

- 時尚好場域——西園 29 服飾創作基地：服飾產業創新推手與商圈轉型引領者

關於作者

葉懿慧

實踐大學創意產業管理博士候選人，服飾設計企劃、行銷推廣與品牌管理者，在服飾、織品、品牌等時尚領域長期耕耘。

於任職紡拓會設計研發中心及時尚品牌公司期間，與紡織時尚產業密切合作，提供業者相關專業顧問服務。協助品牌公司打造服飾銷售通路品牌，為消費者實現美好生活。並投入時尚設計美學教育推廣與傳承，經常參與時尚產業相關競賽擔任評審，在業界擔任教育訓練講師及學界教職工作。

致力於時尚品牌市場行銷、發展及消費者購買行為領域之觀察與研究。目前為輔仁大學織品服裝學系所兼任副教授、時尚品牌顧問、實踐大學創意產業管理博士候選人。

WMBA 學習心得：寫作不再是一個人的旅行

1. 獨行的旅人：寫作的困難與挑戰

　　寫作是透過文字將內心的情感和思緒具象化的過程，當思緒在心中醞釀，要如何將思緒轉化為流暢的文字是一種挑戰，那些理應美麗而精緻的句子，在筆尖下變得難以捉摸，難以成形。

　　快速且順暢的寫作，是我一直嚮往的，期待透過文字來表達自我，進而與世界對話。然而，實際的寫作過程卻時常感到力不從心，面對如何選擇最恰當的詞彙以呈現思緒，如何組織文章以達到最佳效果，都成了重重挑戰。有時，甚至覺得文字無法貼切地表達腦中的思緒。

　　那些期待表達的思緒和感情，那些希望透過文字記錄的美好瞬間，總是停留在心中，無法真正呈現出來。就像一個獨行的旅人，陷入迷途之中，尋找著出路，卻常常無法找到方向。

2. 寫作的轉折：新的旅伴與探索

在十週的課程中，兩位老師的悉心指導，讓我對寫作的困難與挑戰，有了新的認識和探索。

李慶芳老師引領我們在學術領域探討寫作的重要性，著重資料的收集和分析，以及明確的論點表達和邏輯推理。他鼓勵我們將寫作視為一種過程而非結果，幫助我們放下對完美的追求，專注於思考的過程和觀點的反思，轉而享受寫作帶來的樂趣。

吳仁麟老師的教導也讓我開闊視野，他帶領我們探索不同的寫作風格，嘗試從多角度呈現議題，並理解寫作不只是文字的堆疊，更是思考的展現。

這些新的嘗試讓我在寫作的道路上找到了新的可能。雖然必須透過與時尚領域的專業人士進行訪談或對話，以進一步提煉和完善每一篇文章，但我不再被自己的拖延和逃避心態所困擾。

我開始理解並體驗到寫作的真諦，意識到每一篇文章都是一次心靈的探索，每一個字句都是思緒的流動。透過寫作，我找到了與自我和讀者對話的方式。

3. 迎接未來：寫作的新旅程

在寫作旅程中，兩位老師的指導是我成長的重要支持。他們分享經驗和知識，指導我更好地表達思想，將內心的感受與語言結合，形成流暢的文字。他們耐心地解答我的問題，給予寶貴的建議和指引，使我在寫作上能夠不斷進步。

寫作已經不再是我個人的旅行，而是一個有著陪伴的旅程。有了老師的引導和同儕的鼓勵，在寫作的道路上，不再感到孤單和無助。寫作是一種學習、一種表達，也是一種自我成長的過程。在這個過程中，我體驗到了困難和挑戰，也享受到了成就和滿足。

從李慶芳老師與吳仁麟老師的教導中，我學到了知識與技巧；從同儕的觀摩與學習中，找到了同行者的共鳴與鼓勵。這些新的理解和認識，拉近了我與寫作之間的距離。面對未來，我已經不再懼怕寫作。

每一篇文章，都是我在這個旅程中的腳步，記錄著與寫作的親密關係，也證明了寫作的價值和力量。懷著這份勇氣和決心，將持續在寫作的路上探索，寫出屬於自己的獨特故事。

時尚好創意——價值共創：實體通路品牌引領臺灣設計力的新興浪潮

　　2013 年，我加入了一家在國際時尚品牌領域經營卓越的公司，當時公司意識到國外品牌對於臺灣設計創意的喜愛日益減少，是否臺灣設計力正面臨衰退的危機呢？因而決定創建一個全新的實體通路品牌，為國內充滿創意的新銳設計師們，提供一個揮灑創意並與消費者接觸的平臺，重新點燃創意的火花。

　　這個通路品牌的經營方式，主要是透過嚴格的徵選符合公司品牌形象、並具特色風格的設計師，經過緊密合作共同討論，並製作出客製化的產品，再於通路中進行銷售。

　　為了讓設計師們能夠更精準掌握消費者需求，我們定期提供市場銷售反饋，協助設計師們在市場和創意之間達到和諧與平衡。

　　這個平臺除了培育國內的新銳設計師，讓他們的創意可

以有商業化的展現之外，也希望他們能夠跟國際間的設計力接軌。因而公司也引進國外設計新銳的作品，創造一個讓國內和國際設計師互相激勵競技的平臺。這個平臺不但是具有創意和價值的平臺，也豐富了國內的設計、消費環境，並讓消費者在購物時有更多元的選擇。

透過這樣的方式，不僅創造出獨一無二的商品，也為消費者提供更好的購物體驗。此外，在通路中定期舉辦創意、藝術、生活美學等不同面向的消費者體驗活動，讓消費者更深入地了解品牌和商品，增加他們對品牌的黏著度和忠誠度，讓品牌和消費者一起共創價值。

「價值共創」的主要理念，在於強調企業與消費者、合作夥伴之間的互動合作共同創造價值。企業不應只著眼於商品產出及獲利，而是應該將目光轉向整個價值鏈上的所有參與者，並且透過合作，創造出更多的價值。在這個過程中，消費者不再是單純的購買者，而是成為企業的共同創造者和受益者。

本案例即是價值共創理念的最佳實踐。通路品牌不僅僅是一個商業化的平臺，更是一個建立在消費者和設計師之間的互動共享平臺。不但通路與消費者建立了更多的聯繫，透

過消費者的反饋和意見，業者可以更了解市場需求，不斷地提升產品的品質和價值。而在這個過程中，消費者也可以經由意見反饋參與設計和研發，共同創造出更好的產品，獲得更多的利益。這樣的互動過程，不僅增加了產品的價值，也提升了品牌的影響力。

「價值共創」是一個讓消費者和企業之間能夠建立長期互惠互利的關係，不僅僅是單純的交換價值，更是透過不斷的溝通和協作，讓雙方能夠一同成長和發展的理念。「價值共創」亦是通路品牌永續經營的核心理念，不僅是設計師、通路和消費者之間的一種聯繫，更是一種文化和價值觀。

透過不斷的努力和實踐，可以創造更多的價值，為消費者帶來更好的產品和服務，同時也為時尚產業的發展做出更多的貢獻。

時尚好趨勢——掌握時尚流行趨勢，引領產業發展：專訪流行趨勢專家江夏碧

隨著科技的快速發展，時尚產業也跟著不斷演變。在這個充滿變數和無限可能的時代，一個專業的趨勢預測團隊，擔任著引領時尚產業發展的重要角色。以下將透過與長期觀察流行趨勢並熟悉時尚與紡織業界，同時也是團隊的領航者——紡拓會紡織品設計處江夏碧處長進行訪談，了解團隊如何掌握瞬息萬變的時尚流行趨勢，以及如何將這些趨勢傳遞給時尚業者使用。

1. 專業團隊、與國際接軌

江處長在訪談中提到，趨勢預測的核心，是了解市場需求和消費者喜好。為此，趨勢預測團隊需要進行多方面的研究，包括經濟、社會、文化、科技等各個層面，以深入掌握產業的發展脈絡和未來趨勢。

接著，江處長分享了團隊掌握流行趨勢的方法。具有專業背景的團隊成員，從各種資料來源，收集最新時事、商業、預測、科技技術、文學等相關影響時尚趨勢的資訊，例如新科技在布料表面處理，和覆膜加工方面的應用革新。

團隊並積極參與、關注全球趨勢，以捕捉最新趨勢和設計靈感。如收集和分析歐、美、日等市場資訊，包含具指標性的 PV 布展、紗展和時裝週等活動，及調研機構、環保組織等機構的報告，獲得全球的消費者趨勢和生活形態變化的資訊，並經常與業界專家進行交流，即時掌握最新的市場動態。而團隊能夠更準確地預測未來的流行趨勢，從而幫助業界制定相應的產品策略和市場布局。

2. 流行趨勢提供時尚產業發展方向的指引與靈活應用

在談到如何將收集的趨勢資訊進行歸納整理時，江處長表示他們會根據趨勢的類型和特點，分為不同的主題和風格，接著為每個主題制定具體的設計方案，並應用到產品開發和設計中。最後，他們會將這些趨勢資訊，以口頭發表、文字及視覺展示等形式，傳遞給時尚業者使用。這樣一來，業者可以根據預測的趨勢，靈活應對市場變化，提供更符合

消費者需求的產品和服務。

　　流行趨勢在時尚產業中具有重要的指引作用，但業者在實際應用時仍需掌握靈活性，以滿足不同的市場需求，業者需根據個別市場反應、客戶需求和突發事件等因素進行調整。隨著時尚產業的變化，「快時尚」的興起導致傳統的產業生態發生變化，業者需要根據不同的市場需求做出因應。

3. 產業界面臨的挑戰和機會

　　時尚產業面臨的挑戰和機會共存。科技的快速發展，為時尚產業帶來了新的設計理念和創新手段，但同時也增加了競爭壓力。為了在激烈的市場競爭中脫穎而出，時尚業者需要緊密關注行業動態與趨勢，持續創新，並迅速應對市場變化。

　　環保意識的提升和可持續發展的理念，已經成為時尚業界的共識。企業需要在產品設計和生產過程中注重環保，並積極尋求可持續的材料和製程。此外，消費者對個性化需求的追求，也促使時尚業者提供更多元化的產品和服務。

　　在應對挑戰的同時，時尚產業也擁有無限的機會。科技創新如虛擬實境、人工智慧等，帶來了全新的時尚體驗，為

業者創造了更多可能。

　　江處長強調，時尚產業在面臨挑戰的同時，也孕育著巨大的機會。他呼籲時尚業者應勇敢面對挑戰，善於捕捉機會，並透過創新和積極應對市場變化，實現可持續發展。

　　這次訪談，讓我們深入了解了江處長在時尚流行趨勢預測方面的見解和經驗。作為時尚產業的引領者，他和他的團隊，將繼續致力於掌握瞬息萬變的時尚流行趨勢，並將這些趨勢分享給廣大的時尚業者，促進整個產業的發展。

　　最後，深耕於時尚流行趨勢工作多年的江夏碧處長，特別分享她的經驗與心得：熱情＋努力、耐心＋毅力，是實踐理想與目標的必要元素。

時尚好創意——堅持與累積：讓消費者展現高瘦美魅力的品牌使命：竇騰璜 X douchanglee

　　竇騰璜在大二時，奪得了時裝設計新人獎冠軍，確信自己適合往服裝設計發展，並成為品牌創立契機。經過中興百貨和衣蝶百貨的經驗累積後，他在 1995 年建立了自己的品牌，創立至今已有 28 年，成為臺灣中生代設計師代表。他並經常擔任服裝競賽評審，提攜後進。

　　我們坐在一間銷售臺灣特色咖啡的工業風格咖啡店，聽他平緩地講述自己的故事，認為做好一件事，自然有成就感轉化為興趣。竇騰璜認為，堅持和累積是成功關鍵，源於對時尚設計的興趣和專業知識的累積。

　　正如夏姿王太太所説，要將經驗累積在某領域，並經常觀察和學習。竇騰璜在品牌發展的過程中，堅持初衷，將文化元素和風格融入產品，打造出獨特的服裝風格，成為時尚界的佼佼者。

1. 以消費者角度出發，靈感來自生活日常

　　他將生活經驗和時事融入設計，例如將運動休閒和正式風格結合。他始終以消費者角度了解市場趨勢，根據不同需求創新設計。面對國際品牌競爭壓力，國內品牌需創新與提升品質。品牌需反思「是否滿足消費者需求」，以及「消費者為何選擇我們的產品」，有助於品牌改進與成長。

2. 人才缺乏與養成

　　在品牌發展過程中，寶騰璜面臨著人才缺乏和市場競爭等挑戰。為了解決人才問題，他注重培養團隊成員，耐心教導每一位成員，並努力提升團隊的穩定性。他意識到每個人的學習能力和執行力不同，因此在帶領團隊時，需不斷改進和誘導成員主動學習。

　　在團隊管理上，採取寬容的態度，尋求改進，同時用溫和但堅定的語言，表達自己的想法。他以成功品牌為學習標竿，試圖找出團隊面對的問題原因，尋求改進以克服困難。

　　此外，銷售和營運方面也至關重要。國內品牌需要在第一線銷售部分不斷培養人才。然而，由於人才流動性高，維持團隊穩定性相對困難，因此，他注重對銷售員進行培訓，

除了教授基本的銷售技巧外，還需教導他們如何運用社交媒體與客戶互動。在品牌發展過程中，面對人才缺乏和市場競爭的挑戰，他透過培養團隊成員、改進管理方式，以及專注於教育和培訓，努力克服困難，為品牌創造更好的未來。

3. 求新、求變、求生存

在激烈競爭的時尚市場中，面對國內外品牌競爭，以及百貨商場高額抽成等挑戰，他深知品牌需以消費者為中心，積極學習國內外成功品牌操作模式，創造出讓消費者覺得有需求的生活風格。因此，他將品牌與消費者生活緊密連接，在競爭市場中脫穎而出。

品牌定位在 28 到 50 歲消費族群，融合不同生活元素，滿足他們在生活和工作場合需求。他認為品牌應與消費者共創，在產品品質、行銷和營運方面，竇騰璜不斷的提升品牌綜合競爭力。

作為時尚設計師與經營者，竇騰璜強調品牌應兼顧市場與設計，以消費者需求和喜好為導向。他相信，品牌成功源於不斷創新、求變和求生存，期望在市場競爭中持續成長、茁壯。

時尚好生意——讓衣服會説話，展現女性的個性和品味：蔡麗玉 X 克萊亞

　　這一天，在品牌總部大樓的五樓總經理辦公室，專訪林總經理及蔡麗玉設計總監。一開始他們分享了品牌在邁入第27 年之際，選擇在母校實踐大學的清水模建築，為秀場舉辦 2023 秋冬時裝秀。除了匯集來自全省超過 120 個實體銷售通路 VIP 們齊聚一堂之外，並邀請校園師生一同欣賞。

　　林總經理表示，品牌已經成功度過疫情期間的營運低迷時期，目前穩健成長中。為了提供 VIP 的個性化服務，從這一季起，品牌推出了 VIP 預訂功能，讓 VIP 在欣賞完時裝秀後，可以立即進行預訂，進一步深化品牌與 VIP 之間的信任和情感，並為品牌提供了更精準的行銷。蔡總監並強調，品牌秉持著初心，「以客為尊，不斷創新，長遠規劃」的核心理念。如下列三項主要論述，品牌不論在商品設計開發、顧客服務及行銷拓展等面向，繼續精進發展。

1. 結合國際化與在地化，打造女性自在個性化衣著

對女性而言，在每個場合穿著得體，是一件重要的事。當穿著不適當時，會讓人感到不自在，而合適的服裝則帶來自信。因此，我們不斷提醒自己和團隊，透過日常生活的細膩觀察、不同文化藝術的旅行薰陶，以及國際流行時尚觀摩，開拓視野，結合國際化的眼光與在地化元素，實現貼心的設計以符合東方人的穿著需求。

藉由不斷自我提升，我們能更好地滿足女性在各種場合的穿著需求，讓她們穿上最合適的衣服，展現自信的模樣。這樣的設計理念，使衣服彰顯每一位女性的個性和品味，讓她們散發出獨特的魅力。

蔡總監娓娓道來，分享了他對消費者的貼心設想，致力於讓每一位女性在不同場合都能穿對衣服，展現自信和獨特的風格。

2. 專業引領，「看即買」服務 VIP

隨著消費者需求不斷變化，時尚品牌尋求創新的方式，以滿足顧客的期待。在這個過程中，品牌必須展現專業的形

象，引領消費者進行正確的選擇，並為他們提供高品質的產品和服務。

蔡總監表示，在本次服裝秀中，導入 VIP 預訂功能，主要在更精確地掌握消費者喜好，以達成精準行銷的目標。透過服裝秀的展示，為消費者營造了一個想像空間的平臺，讓他們在觀賞後，自主選擇心儀的衣服款式。如此一來，能更有效地滿足消費者的期待，同時提升品牌形象。

此功能展現品牌對 VIP 的重視，提升顧客對品牌的忠誠度，並吸引更多潛在的消費者。透過「看即買」預訂功能，迅速獲得市場反饋，有助於調整產品策略，並縮短上市時間。

藉由專屬預訂功能，可以激發 VIP 的購買意願，帶動銷售額增長。此外，透過預訂功能，收集的顧客喜好和需求訊息，能夠更精準地預測產品需求，優化庫存管理。

另外，滿足 VIP 客戶獨特需求，使其成為品牌長期支持者。同時，具影響力的 VIP，在社交圈中具有較高的影響力，進而提高品牌曝光度，擴大品牌影響力。

3. 跨產業思維布局行銷通路，環環相扣

　　林總經理原任職於大陸臺商知名食品公司的專業經理人，27 年前，夫妻鶼鰈情深，回臺與蔡總監共同創立品牌。他以跨產業的不同思維，帶領公司一步一腳印茁壯發展。

　　對於公司的發展藍圖，林總經理有五個輪子策略，齒輪相結合，彼此互動不相牴觸。包含百貨公司、門市、精品店、電商和制服，環環相扣、互相支持，共同推動品牌的成長。並充分利用這些通路，為消費者提供便利的購物體驗，擴大市場占有率。

　　建立六都旗艦店提高曝光度，進而帶動電商業績，旗艦店的設立，能夠彰顯品牌形象，並吸引消費者前來購物，有助於品牌穩固市場地位。

　　積極參與國內外時尚、文化活動，提升品牌形象。透過各種活動，提升知名度、傳遞價值和理念，並贏得消費者信任和喜愛，進而擴大影響力回饋社會，展現品牌的社會責任。

時尚好買手——
巧妙融合理性與感性，引領時尚新潮流

　　時尚買手一直以來是年輕人嚮往的職業，因為能直接接觸時尚圈的最新潮流，並運用個人美感與獨特眼光，為品牌創造價值。擁有 12 年時尚買手經驗的 Irene，分享了成功時尚買手的經驗。

　　她強調，時尚買手的職責，不僅在於選擇美觀的服裝，更需具備數據分析能力，以確保所挑選的產品能夠滿足市場需求。此外，時尚買手還需具備出色的美學品味，以及對時尚趨勢的敏銳洞察，以便讓品牌在競爭激烈的市場中脫穎而出。

　　要成為一位兼具理性與感性的成功時尚買手，需要在科學與藝術之間取得平衡，既要注重產品的實用性和市場需求，同時也要充分展現自己的品味和美學。因而成功的時尚買手，應具備以下兩項特質：

1. 扮演顧客和公司間的橋梁

作為時尚買手，具備第一線銷售經驗是十分重要的。若沒有此經驗，可能導致過度理想化的選品，忽略了顧客實際需求。漂亮的商品、實穿的商品以及顧客願意付錢購買的商品，三者之間存在著差異。

Irene 強調，至少有兩年的銷售經驗，掌握不同季節顧客的服飾變換，有助於了解顧客需求和市場趨勢，對買手而言是優勢，也是養分的積累。

時尚買手在顧客和公司之間，擔任了關鍵的橋梁角色。作為時尚買手，需要了解品牌形象、市場定位，並充分考慮顧客的需求和喜好，來進行商品選擇。所以，時尚買手需具備敏銳的觀察能力和市場分析能力，從眾多的品牌和商品中，精準掌握市場趨勢潮流，為公司創造價值。

Irene 在擔任一個注重可持續發展的時尚品牌買手時，發現環保材料製成的休閒運動鞋，在市場上非常受歡迎，因此，她積極尋找這類產品，以符合品牌形象和顧客需求。她同時結合當季的流行色彩、設計元素，以確保選購的商品既符合品牌形象，又能滿足顧客的時尚需求。最終，這款鞋成為該季度的暢銷商品，為公司帶來了好業績。

2. 與銷售團隊並肩作戰，提供有溫度的服務

　　時尚買手與銷售團隊密切合作是成功的關鍵。針對門市銷售人員進行定期培訓與互動，讓買手的選品理念忠實地傳遞給顧客，並收集顧客需求和反饋，以調整產品策略。此外，時尚買手還需與市場營銷及視覺陳列人員緊密配合，確保產品在合適的環境氛圍及時程中推廣，從而實現最佳銷售效果。

　　由於購物管道繁多，使顧客忠誠度面臨挑戰，因此，提供舒適購物體驗與專業貼心的服務，成為精品品牌競爭的關鍵。對於精品品牌而言，有溫度的體驗服務，成為競爭的關鍵要素。

　　為了在激烈競爭的市場中立足，Irene 強調提供能夠觸動顧客的服務至關重要。儘管 AI 技術日益強大，具有解決各種問題的能力，但顧客仍然重視親身體驗門市所提供的服務。因此，在面對快速變化的市場環境和不斷加劇的競爭壓力下，時尚買手和精品品牌，必須持續提升其服務品質和軟實力，以贏得顧客的信任和忠誠，進而在競爭中脫穎而出。

　　綜合以上，對有志投身於時尚買手行列的人，Irene 的建議如下：

1. 熱愛時尚並具敏銳度，保持熱情，關注趨勢，具洞察力，預測新潮流。

2. 培養分析、預測及數據評估能力；具備組織、計畫能力與庫存管理。

3. 溝通與協商能力，與品牌、供應商和銷售團隊等夥伴建立良好合作，展現出色的溝通和協商技巧，爭取最有利條件。

4. 跨文化敏感度與適應能力，靈活運用溝通技巧。

5. 持續學習與自我提升，保持學習心態，了解時尚動向和市場變化，不斷提升專業技能，以適應行業需求。

在瞬息萬變的時尚產業中，若想成為具有競爭力的時尚買手，需不斷提升專業素質與人際溝通能力，並在理性與感性之間找到適當的平衡。如此一來，便能在市場競爭中取得成功，為品牌和顧客帶來更多的價值。

時尚好生意——挑戰高端時尚，平價時尚品牌如何在臺灣市場中脫穎而出？

　　2010 年，是臺灣時尚零售市場的重要一年，當時國際知名平價時尚品牌 Uniqlo 和 Zara 等陸續進入臺灣市場，注入新活力，也讓臺灣的平價時尚品牌競爭加劇。在激烈的市場競爭中，平價時尚品牌不斷提高產品品質、降低價格，並注重行銷策略和服務品質，以吸引消費者。

1. 平價時尚品牌的關鍵：品質與價值

　　Uniqlo 和 Zara 等平價時尚進駐臺灣市場後，臺灣的平價時尚品牌競爭逐漸白熱化，消費者可選擇的品牌更多樣。消費者對平價時尚商品情有獨鍾的原因是什麼呢？

　　平價時尚品牌在產品價格、設計風格等方面做足功課，讓消費者可以用相對較低的價格，購買到與高端時尚品牌相當的最新潮流商品和設計風格。此外，平價時尚品牌注重服

務品質，以提供更好的消費體驗。

　　隨著全球化的趨勢，消費者對時尚品牌的認知和接觸越來越多元化，品牌忠誠度逐漸降低。平價時尚品牌注重品質和價值的平衡，提供時尚感和實穿性的設計，在日常生活中展現出個人風格，符合消費者對物有所值的期望，深受消費者喜愛。

　　在產品設計、製作工藝和服務等方面注重品質，並且提供合理的價格，才能贏得消費者的信任和忠誠度。品牌需要考慮產品的實用性和美感，以及與消費者的需求和價值觀相符合，高品質和價值的產品，是品牌贏得市場和消費者的關鍵。

2. 傾聽消費者聲音，精準行銷

　　在競爭激烈的市場中，品牌需要深入了解消費者的需求和喜好，以制定產品設計和行銷策略，提升品牌形象和知名度。一方面，可以透過調查和分析市場數據，來瞭解消費者的購買偏好和需求，以此為基礎推出更符合消費者需求的產品。另一方面，也可以透過與消費者的互動和溝通，深入了解他們的想法和意見，進而提升產品品質和服務品質。

　　品牌也可以透過門市設計來營造品牌氛圍，提升消費者的購物體驗和情感連結。與藝術、音樂、文化等元素結合，創造出舒適、有趣的購物環境，使消費者可以輕鬆地感受品牌的風格和特色。此外，進一步運用科技技術，例如透過App 提供個性化的服務和推薦，或者透過 AR 技術讓消費者更真實地體驗產品，可以提升品牌的體驗和消費滿意度。

　　了解消費者的需求和喜好，是平價時尚品牌成功的關鍵之一，必須深入了解消費者，進而提高產品品質、創造品牌價值、增強市場競爭力。透過多元化的溝通方式，讓消費者感受到品牌與自己的連結，提升品牌的知名度和信任度。品牌也可以利用科技手段，營造更加獨特和豐富的購物體驗，不斷創新，提升品牌競爭優勢。

3. 永續時尚、品牌永續

　　在當今社會環境，永續發展已成為熱門話題。平價時尚品牌必須關注並實踐可持續性和 ESG，從產品材料、生產方式和包裝等方面，貫徹永續發展的理念。品牌需要關注環境保護和社會責任，以及消費者對永續發展的需求和價值觀，提升品牌形象和忠誠度。

舉例而言，平價時尚品牌推廣可回收、可循環使用的產品，提供綠色包裝，採用環保材料等，讓消費者能選擇更環保的產品，並一起維護地球的美好。此外，設計耐穿耐用的產品，也可降低消費者的購買頻率，進而減少浪費。

　　總之，平價時尚品牌要在臺灣市場中脫穎而出，必須注重品質和價值的平衡，透過精準行銷和創新科技技術，打造與消費者情感連結的品牌形象，同時考慮可持續性發展，促進永續時尚的發展。價格優勢可以引領消費者選擇，但品牌價值才是維持市場競爭優勢的不敗法則。

時尚好生意──服務創新，實踐業績目標：專業銷售達人的致勝心法

　　多年來，因工作需求和個人興趣，我常探訪時尚場域，如百貨商場和品牌門市，深入了解品牌風格和最新趨勢，同時也關注門市的商品陳列、整體氛圍及銷售人員與顧客之間的互動。在這過程中，我與許多銷售人員建立了友誼，因而每當遇到有關銷售端的疑惑時，總能獲得寶貴的建議。

　　2022 年下半年，我在位於臺北市信義區的百貨公司中認識了菲比。那是一個寧靜的午後，當我走進她所在的品牌門市時，迎接我的是她真誠的笑容、自然的態度和細膩的銷售技巧。她熱情地詢問我的需求，並巧妙地展示適合我風格的商品，提供專業建議。

　　當我於瀏覽商品時，她注意到我對一款外套感興趣，主動了解我的需求後，她發現我偏愛簡約風格，便推薦了適合的褲子和上衣。試穿過程中，她細心確認尺寸，並提供搭配

建議，讓我對她的服務印象深刻。

在輕鬆愉快的交流中，她展現出了卓越的專業素養，使我樂於駐足停留。我發現她不僅銷售技巧優秀，還能在短時間內洞悉顧客喜好和風格，根據顧客特色提供個性化搭配建議，並巧妙地融入自身美學修養，展現出成熟的品味。

正因為這段特別的相遇，我的研究藉由菲比為原型主角，敘述她在銷售領域與顧客互動的歷程。

1. 專業與熱誠

面對不同的顧客，菲比透過觀察與對話，總是能迅速判斷出他們的需求，並以專業的態度，為他們提供最適合的商品。在與顧客的互動過程中，她始終保持著真誠的態度，不但讓顧客感受到她的用心與負責任，還逐步建立起受顧客肯定和信任的個人品牌。因此當她轉換工作公司時，忠實的顧客也願意跟隨她，這使得她的業績始終能保持持續增長。

她曾成功地協助多家門市化危機為轉機，展現了自己的能力和價值。例如，在協助公司處理庫存時，她在門市內重新搭配組合商品，並親自穿著展示，有效提升銷售業績。進而帶動其他門市，在大家的共同努力下，讓庫存迅速減少。

這樣的成就源於她對工作的熱情和投入，以及對客戶需求的敏銳洞察。

2. 服務價值與美學傳遞

菲比憑藉獨特的眼光和精湛技巧，真誠地滿足追求高端品牌客人的需求，同時巧妙地滿足價格敏感顧客的期望。然而，她也會遇到在生活中不如意、情緒低落的顧客，將負面情緒發洩在她身上，面對這些挑戰，菲比依然保持真誠和耐心，站在顧客的立場，以同理心對待。

在競爭激烈的時尚產業中，菲比深知，真誠和熱誠對待每位客戶是成功的基石。而優秀的銷售專員應具備獨特氣質，讓自己在競爭者中獨占鰲頭，並保持專業素養，對品牌深入了解，與顧客保持良好互動，為他們帶來愉悅的購物體驗。

菲比對品牌陳列具有獨到的美感，因此在商品展示過程中，充分發揮品牌特色，以吸引不同客層。她善於將自己的創意融入布置環境中，營造舒適的購買氛圍，讓顧客尋得心儀商品。

3. 顧客喜好與回饋互動

　　面對顧客喜好的問題時，菲比認為公司管理階層需重視市場需求。當設計師或採購人員的商品無法滿足市場時，應勇於承認錯誤並尋求改進。

　　她也分享了判斷顧客購買意願的技巧，認為開場白非常重要，避免給顧客帶來壓力，透過輕鬆自然的對話，瞭解顧客需求並適時提供幫助。長久以來，顧客的肯定是支撐他的動力之一。

　　專業的銷售人員應具備觀察力和溝通能力，善用智慧與顧客互動，讓顧客感到舒適，進而達成公司業績與目標，在競爭激烈的市場中立足，並獲得顧客的信任與支持。

時尚好場域——西園 29 服飾創作基地：服飾產業創新推手與商圈轉型引領者

臺北市萬華區的艋舺商圈，是臺灣的第一個成衣批發市場，經過近半世紀的發展，商圈邁向熟齡化的階段。

在 2001 年，位於西園路二段 9 號的臺北服飾文化館，轉型成為全新的「西園 29 服飾創作基地」，並注入新的活力與功能。「西園 29」的主要目的，在於提升服飾成衣產業的設計、創作能量及交流平臺，同時帶動商圈的發展。

在四月初的某個下午，臺北市西園路上的陽光熠熠生輝，金黃色的光暈灑落在一間間小巧而商品豐富的店面，展現出商圈的活力與繁榮。

我與「西園 29」的江夏碧處長以及林怡伶館長，一同漫步於西園商圈批發街，欣賞著重現林宅古蹟風華的星巴克，並來到以大自然生命體「樹」為設計概念、茂盛枝葉象徵著多元融合發展角色的「西園 29 服飾創作基地」。

沿途，我們熱烈討論著這個場域所肩負的使命與責任。

1. 新銳設計師孵化器：提供創作支援、連結通路及 媒合平臺

這個孵化器的核心概念，在於結合設計與傳產，透過一貫化的培訓方式來孕育設計師，讓他們有更多機會展示和銷售自家設計品牌。

孵化器為設計師提供所需的資源，例如布料和製作等，並營造一個充滿創意的空間和平臺，讓他們可以在此發表品牌作品，進而拓展至百貨公司等通路。

林怡伶館長表示，西園 29 服飾創作基地成功地培育出一些知名的設計師品牌，如 DLEET、JUST IN XX、甫月、UUIN 等。基地為設計師們提供了豐富的創作支援，連結通路，以及媒合平臺，這些資源幫助設計師將創意轉化為實際的產品，並成功推向市場。

在這個基地中，設計師得以茁壯成長，擴大品牌影響力，最終實現夢想。

2. 商圈共榮共好：打造成功商圈的合作與價值共享

商圈共同發展和共享的目標，取決於在地連接以實踐相互合作與協調。

成功的商圈並非僅依賴單一行業的成功，而是多個商業實體間的協同，在地連接讓商圈內各實體合作，創造更多價值和共享利益。研發具特色商品吸引消費者，提高商圈知名度，並帶來多元化體驗與服務，進一步創造價值與利益。

江夏碧處長強調，雖然商圈內各產業可能無直接關聯，但共處於同一產業體系。「西園29」致力營造設計創作氛圍，帶動商圈形象提升、增強向心力，推動發展與改變。

這個商圈擁有四十年歷史，商品雖以中低價位批發市場為主，但仍積極創新，提升整體觀光形象。商圈內產業在潛移默化中逐漸提升，共同促進商圈繁榮與共好。

3. 創新藍圖：數位化與低碳化引領未來時尚發展

科技的發展已成為推動產業發展的重要驅動力，時尚產業也不例外，數位化和低碳化，成為了時尚產業發展的重要趨勢。

數位化改變時尚產業商業模式，O2O 策略，讓商家得以在線上和線下零售通路之間取得平衡，為消費者提供更豐富多元的購物體驗。

　　隨著消費者對個性化需求的提高，「按需生產」逐漸成為時尚產業的重要發展方向。這種模式可滿足消費者需求，減少庫存和浪費，實現可持續發展。

　　低碳化是另一重要發展趨勢，透過減少能源消耗和減少廢棄物產生，因而需提高能源利用率、減少庫存、推廣可循環利用的材料應用等。時尚產業為了追求創新，積極研究和開發各種技術，如數位印花技術，以提高印花圖案的精細度和細節表現，並降低生產成本。

　　西園 29 服飾創作基地作為產業創新推手和商圈轉型引領者，在未來發展中，將持續扮演示範性場域和先驅領航者的重要角色。

第六章

擁抱限制，華麗轉「昇」

- 序曲：擁抱限制，華麗轉昇
- 新文藝復興運動
- 舊建築，新商模
- 理性的浪漫，溫柔的堅持
- 金箍棒還是緊箍咒？
- 換位思考、共生共好
- 從秤斤論兩到精菁計較
- 故事探索，江湖築夢

關於作者

張容榕

國立交通大學管理科學博士，現職為銘傳大學國際企業學系專任副教授。研究領域為科技接受行為模式分析與 ESG 策略評估，成果發表於《Telematics and Informatics》等國際期刊，並獲得第 13 屆聯電經營管理論文優等獎。

專長為商業溝通及品牌行銷策略，曾協助集團建立企業識別系統與建構電商經營模式，與正聲廣播電臺合作，獲得第 55 屆商品類廣播金鐘獎，目前專注於產業創新與跨域整合生態系統之個案研究。

WMBA 學習心得：開拓視野，突破框架

　　作為一個學術研究者，最害怕陷入理所當然的盲點，只在自己的研究框架中得出結論。吳仁麟老師曾提醒過，這樣的研究毫無創新和貢獻可言，只是陳腔濫調而已。

　　在 WMBA 課程中，李慶芳老師以寫作的需求為主軸，提醒在進行個案寫作之前，需要明確寫作的目的和方向，不僅有助於我們確定文章的主題和內容，同時讓讀者更容易理解我們的觀點。而研究問題是個案寫作的核心，它指導著我們的思考和分析，並提供了寫作的架構。

　　而在進行個案研究寫作時，以好奇、探索和豐盛為主軸，可以讓我們從個案資料搜集到訪談資料的呈現，都能有與眾不同的心觀點和新洞見。

　　好奇：在訪談過程保持高度好奇心，才能從對談內容與舉手投足間，觀察到有價值的線索。

　　探索：在進行個案研究時，我們需要廣泛收集相關的資

料和文獻,以利支撐探究深度問題。

豐盛:在撰寫個案文章時,我們需要整合探索所得到的資訊,提供深度和廣度的內容,使實務應用與學術貢獻更具價值。

吳仁麟老師以名作家葛拉威爾(Malcolm Gladwell)的作品為例,指導我們寫作的風格要點:

故事性:葛拉威爾經常使用故事來傳達觀點和概念,運用個人故事、歷史事件或真實案例,以引人入勝的方式向讀者講述觀點。故事性的寫作風格能使作品更加生動有趣,並能夠引起讀者的共鳴。

連結性:葛拉威爾常常將不同領域的知識和觀點相互連結,建立跨學科的思維架構。他會從心理學、社會學、歷史等不同領域中,汲取相關的研究成果和案例,並將它們融入到他的寫作中。這種跨領域的連結,使觀點更加全面、深入,同時也能夠啟發讀者跳出傳統思維模式。

啟發性:葛拉威爾的作品經常提出一些不同於主流觀點的想法,並以精煉的文字和富有說服力的論述,來支持這些觀點,所以能在各個領域都引起了廣泛的討論和影響。

在生活中，我們常常對許多日常的事物視為理所當然，而忽略思考它們的價值和意義。

　　這也同樣適用於研究領域，我們經常陷入對已知知識的固有觀點中，而忽略了對新思想和新發現的探索。

　　因此，我們應該時刻保持好奇心，不斷探索和反思我們所認為理所當然的事物，以獲得更豐富的研究成果和更深入的生活體驗。

序曲：擁抱限制，華麗轉昇

連假午後，我和孩子一起玩樂高。

當我們終於完成了拼湊成一臺車子的挑戰時，發現缺少了一個輪胎，我一時之間失去了耐心，大聲埋怨著說：「車子少了一個輪胎怎麼能動？」

然而，孩子卻拿起這個少了一個輪胎的車子，在地板上玩得很開心，他抬頭笑著跟我說：「媽媽你看，車子還是能動的。」

這一瞬間我頓悟了，「車子」為什麼一定要有特定的外觀或配備？三輪車可以跑得快，自行車也可以自在地穿梭，而李哪吒的風火輪更是獨門功夫，旋轉而動，高速行空。我們的眼界和心態限制了想像，更制約了發展的可能性。

產業轉型是指一個產業或企業，在面臨市場、技術、政策等多重因素的變化和挑戰時，透過改變產品、服務、業務模式、組織架構等面向，應對變化並實現轉型升級的過程。

當前，數位化轉型、創新科技應用、綠色低碳環保等，都是企業轉型的重要趨勢。

傳統產業面對改變，無論是主動或是被動都需要有所作為，以應對市場需求，否則將失去競爭力，但除了各種資源的限制外，對產業而言，真正困難的其實是辨識限制，接受限制和轉化限制。

限制理論（Theory of Constraints, TOC）最初源自於物理學領域，指出物理系統中最薄弱的環節，影響了整個系統的產出及效率。

高德拉（Eli Goldratt）博士將其應用於管理層面，作為一種管理哲學和工具，幫助組織識別和解決限制與瓶頸，以達成更高的目標和效益。

TOC 利用明確的思考程序，協助釐清需要改善時的主要關注點，將問題具象、明確和簡單化，讓改變的程序更清晰，以下為思考主題：

1. 什麼需要改變？
2. 要改變成什麼？
3. 如何執行改變？
4. 為什麼要改變？

5. 如何保持持續改善的過程？

　　在這個充滿挑戰的時代，資源限制可能來自於外部環境的匱乏，也可能源於內在自我設限的制約，企業必須學會擁抱限制，才能轉化為成長的契機。擁抱代表接受，唯有真心接受的內化過程，才有改變的動力和契機。

　　內化、轉化與昇華，是一個完整蛻變的過程，組織需要從接受自身的限制開始，進而透過自我探索和成長，將限制轉化為組織的能量和創造力，並在其中找到屬於自己的華麗蛻變之路。

　　孩子看待少了一個輪胎車子的態度讓我明白了，生命中的美好不在於完美，而是在於如何面對不完美。每個人都有自己的限制，但當我們學會接受這些限制時，也就開始了內化、轉化、昇華的旅程。

　　因此，透過擁抱限制，組織可以發現自己的潛力和價值，只要我們有一顆開放、創新、勇於嘗試的心，就能超越限制，找到創造的力量，並享受轉化昇華的喜悅。

　　傳承是一個給予與接受的過程，可以是橫向平行的對話，也能是縱向穿越的連結，看似簡單的兩個動作，但「如

何給，怎麼接」，其中隱藏了許多「密碼」待解。接續九個傳統產業的故事，將以「傳承」為主軸，限制理論為基礎，說明個案如何在資源限制中，以內化、轉化與昇華資源的方式，發現新創意，重啟新生意，實踐善公益。

新文藝復興運動

　　第一次踏進日新鑄字行進行訪談時，腦中閃過的標題是「文字寓」與「文字獄」。

　　密密麻麻的鉛字在排列整齊的架子上，像是住在擁擠的屋寓中；而失去舞臺的鉛字，則像是困在牢籠中的精靈，空有靈魂但身不由己，這種感覺就像準備博士資格考的過程一樣折磨人。

　　當時的我，看著日新的訪綱想著，如果日新轉型成功，就能繼續傳遞活字印刷的文化價值，如果不成功，也就成了眾人讚歎但不得不落下的夕陽。

　　所有的轉昇都需經過一番掙扎與努力，產業如是，個人亦然。日新是臺灣僅存仍在營業的活版印刷鑄字行，擁有全世界最完整的鉛字銅模與鑄字機具，也是繁體漢字文化圈中最受關注的所在。活版印刷是中國重要的發明之一，因能快速、大量地印出文獻與書籍，對文化推進產生了深遠

的影響。

　　然而，活版印刷需要大量的人力、物力以及較長時間才能完成作品，所以資金、人力與應用市場，成了限制產業發展的瓶頸。為了存續，日新採取了以下關鍵作為：

1. 以字賦意，獨木成林

　　日新透過群眾募資計畫，以公開募集資金的方式，獲得社會大眾的關注與支持，同時也調整經營方式，將整版編排的商業模式，轉化為以字賦意的計價方法，把字的價值定義交付給使用者，取回鉛字價格的主導權。這些開源作為，讓日新擁有更多的資金得以持續發展。

2. 借力使力，推廣助意

　　日新鑄字行引進「自導式數位導覽系統」，以數位技術取代傳統人力，讓到訪者能在五個關鍵導覽點，藉由掃描條碼自行聽取簡介，此舉能節省更多人力，進而投入字版修復工作。此外，文化志工成立了臺灣活版印刷文化保存協會，致力於活化活版印刷技術，日新與之合作，多了推廣助力。

3. 多元觸角，化寓為育

日新鑄字行除販售字模外，更積極與不同產業跨界合作，推出新型鑄字產品，如印章、桌曆與飾品……等，以更貼近生活的應用場景拓展客源，並深耕活版印刷教育，舉辦各式鑄字體驗活動，讓更多人認識與瞭解這個印刷文化的瑰寶，希冀藉由建立接觸文化的平臺，吸引更多新血投入。

日新張老闆在訪談中數次提及「獨木難成林，有錢大家賺」的概念，就是管理實務界中最常被討論的「產業生態系」與「價值共創」。產業生態系是指在特定產業領域內，由不同參與者組成的一個動態生態環境，這些組成部分包括生產者、供應商、消費者和相關機構等，彼此之間相互依存、相互影響。

品牌與組織本身，就是動態鏈結的關係，藉由產業中各個節點的串連，才能形成共生且共好的獨特組織生態系統。日新利用資源交流和跨域整合等方式，重新建構網絡關係，共同推動產業的發展和創新，為文化傳承注入新意。

文藝復興時期的重要發明之一印刷術，促進了書籍的生產和流通，推動知識和思想的傳播，幫助人們更廣泛地獲取

知識，推動文化的發展。日新鑄字行透過創新與傳承相結合的方式，打造了全方位的文化體驗，保留並推廣了傳統活版印刷技藝，融入日常生活，在傳與承的過程裡，突破了傳統的字版框架，排出了屬於自己最有價值的文化版面。

舊建築，新商模

老建築散發獨特的韻味和故事，擁有歷史的痕跡和美好的回憶。然而隨著時間推移，許多舊建築面臨著老化和適應現代需求的挑戰。在這種背景下，老屋改造成為一種將過去與現代相結合的創新方式，同時也帶來了新的價值和機會。

許多老屋具有悠久的歷史和獨特的建築風格，代表著當地或特定時期的文化遺產。陽明山「BY33 美軍俱樂部」原址為陽明山聯誼社，是當時駐臺美軍及眷屬交誼、娛樂的場所，在 BY33 美軍俱樂部的重建計畫中，林書旭副總經理帶著我看了建築改造的細節與發想。在聆聽的過程中，我發現 BY33 美軍俱樂部的成功，不僅僅是建築空間的重生，更是共好理念的實踐。

地方化經濟（Localization Economics）是研究地區經濟動態和發展的理論，探究本地產業、資源、組織和社交網絡等局部化因素，如何影響經濟活動，並促進經濟增長。

BY33 美軍俱樂部重建的價值不僅呈現在建築本身，還以社區文化創意產業園區為主軸，活用歷史古蹟建築為商業模式，藉由規模經濟、知識外溢效應和共享基礎設施的聚集經濟效應，吸引投資並刺激地方的經濟發展，重現美軍宿舍群的歷史樣貌。

1. 群聚產生力量

BY33 以「邀商模式」打造聚落，在改建周圍老宿舍建築後，林副總親自至各地找尋特色商家進駐美軍宿舍群。完整建構的建築提高商家進駐意願，特色餐廳的多元互補呈現和諧美感，且餐廳性質不同，增加消費者再訪的意願。BY33 的邀商模式，成功吸引特色商家，創造社區氛圍，相互支持，各自受益。

2. 讓利方能進利

在美軍宿舍群中，有間獨棟白色木構建築，成為熱門打卡點，是星巴克咖啡以陽明山古名命名的草山門市。林副總告訴我，在改建這棟建築時，煙囪的去留成為最大矛盾與掙扎，拉平煙囪區域可以增加更多座位和營收，但他認為煙

囪是這棟房子的靈魂，堅持要保留下來，而這堅持保留的元素，也是成功吸引星巴克入駐的主要原因。煙囪上的老樹藤蔓代表草山的歷史，周圍樹木展現四季變化，煙囪和樹木共同營造獨特氛圍，增添草山的歷史和自然美感。因為堅持，才有故事，這些元素呼應建築的影響力，展現重建價值。

3. 彈性產生創意

　　BY33 美軍俱樂部改建的過程，堅持中保有彈性，除了重現原貌，更重視活化的價值，使建築在美感呈現中具有實用意義。例如，注水 8 公分的鏡面池，是經過精算的結果，既兼具環保節能與展現美感。這樣的設計思維，使得建築不僅滿足功能需求，更融合環境友善與視覺享受，彰顯出 BY33 對於平衡實用性與美學的重視。

　　復古是基於真實經驗的想念與珍惜，是永遠無法被複製與取代的經典和美好。老屋重建是對傳統工藝和技術的尊重，也是對過往時代獨特設計和風格的欣賞。BY33 美軍俱樂部從對現實的細緻觀察中汲取靈感，創造出獨特且可複製的建築活化方式，呈現了原創且具有實際應用價值的新商業模式，讓歷史與現實互動，讓歲月不只靜，和諧且共好。

理性的浪漫，溫柔的堅持

　　第一次認識芙彤園（Blueseeds）的創辦人詹茹惠女士，是在學校的教師研習會中，演講主題是 ESG 社會企業。當下心想，創業故事通常就是科技人轉職，協助地方創生，再搭配時下最熱門的 ESG 主題吧！

　　但在開場十分鐘之後，一張投影片讓我整個腦洞全開，震撼不已。創辦人以圖示說明：「芙彤園在技術面採台積電模式，掌握關鍵性的製程和原料，商業模式則似 Apple，我們掌握自己的 IP（也就是調香的 Know How），B2B 為主要市場銷售定位，並以科技業量化規模的生產模式經營品牌，最終目標則是要把臺灣香草打入國際市場。」

　　接續演講的內容，讓我寫筆記的手沒有停下來過，深怕錯過任何關鍵的精彩轉折，看著以關鍵字串起的滿滿的筆記，也能預見芙彤園步步搭建的世界版圖。

　　社會企業是一種以解決社會問題為目的的企業組織，其

主要目標不僅僅是追求獲利，而是希望透過商業手段，實現對社會和環境的積極影響。芙彤園以自然農法栽種香草，提供全天然精油香氛及洗浴用品，同時復育土地及照顧小農，以環境永續為理念，這樣以提倡賦原經濟的芙彤園，是典型的社會企業個案典範。

1. 起而行——以大利經營社會企業

　　身為新創企業的芙彤園，憑藉著高成長潛力和清晰的商業模式，獲得交大天使基金的投資，突破資金和人脈資源的瓶頸。創辦人以科技人背景和邏輯清晰的分析能力，帶領專業團隊關注對土地、投資人以及小農的最大利益，力圖在持續經營中達到經濟、社會和環境的共贏，並將 ESG 理念融入到企業策略中，持續調整修正，尋找跨領域的合作夥伴，強調 ESG 不僅是表單上的要求，而是一個評估策略的持續審視過程。

2. 找方法——以 IP 建立商業模式

　　芙彤園與全家便利商店合作，推出「土地友善」綠色生活提案，建立了良好的社會形象，更積極參與公益事業，與

史博館合作推出「常玉歡慶禮盒」，將營收捐贈至勵馨基金會，跨領域結合美學推廣與社會公益，落實企業的 ESG 精神。以知識產權（IP）為基礎，建立其商業模式，成功地將環保理念融入社會各個層面，讓投資人、小農以及土地資源都能獲得最大的利益。

3. 善分享——以區塊鏈融串資源

芙彤園重視透明化治理，以提高組織和產業鏈的穩定性和可持續性。為了幫助契作農獲得穩定的收入，芙彤園推動一畝香草田計畫，並應用區塊鏈技術進行交易、客戶忠誠獎勵和融資眾籌。芙彤園相信，區塊鏈的技術應用已經成為國際趨勢，代幣經濟的應用，對公司進入國際市場幫助很大。

社會企業在地方創生中扮演著重要角色，可解決當地社會問題，提高生活質量。然而，地方創生也面臨資源不足與忽略可持續性風險的挑戰，芙彤園整合 IP、整廠輸出和 ESG 理念，突破了資源限制，重新定義了創與生。

日前，創辦人在往臺東的火車上傳了一段影片給我，背景是窗外飛馳的一片綠，我想，芙彤園就像奔馳的一列快車，知道方向也願意帶著產業鏈一起飛奔向前。

金箍棒還是緊箍咒?

　　我在學校開的課程有一個例規,在下課前必須完成當日作業,並上傳教學系統,不能遲交也不接受補交,因為時間到,系統就自動關閉了。

　　這樣規定的用意是:希望學生能有效率的將課程內容內化並表達呈現,而我也能從作業中瞭解學生當日吸收的狀況,作為下次課程調整的依據。這對學生而言是件苦差事,因為沒有聽課就無從下筆,沒有即時整合的表達力和執行力,就來不及上傳繳交。

　　但,從這學期開始,我發現部分學生上傳的作業做得「又快又好」,然後,「又快又好」的作業明顯地逐週增加。ChatGPT 的浪潮襲來,在教學第一現場的教師,也必須接受改變的挑戰。

　　在教育產業中,AI 的輔助應用不是新鮮事,ChatGPT 透過模擬人類對話的方式,與使用者進行互動,提供了更

便捷、靈活與個性化的學習體驗,然而,與 ChatGPT 的協作,是「作弊」的投機還是效率的輔助,是值得教育者深思也必須面對的課題。

「作弊」的定義因不同的情境而有所不同,一般而言,若學生借助其他人或工具取得答案、完成作業,通常會被視為作弊。ChatGPT 提供答案、解釋、寫作建議等多種形式的幫助,而這些幫助可能會超出學生自己的能力範圍,使得學生獲得不應該得到的成績或學習成果。因此,如果學生使用 ChatGPT 幫助自己寫功課,可能被視為作弊行為。

然而,綜觀人類文明演化的進程,無論是工具或是科技的迭代,都是不可逆的潮流,只有正視改變,積極主動地學習和適應科技的變革,學會如何共處和善用,才能更好地發揮科技優勢。

ChatGPT 可以幫助學生快速獲取知識,並且有助於提高學習效率和準確性,但是,這種便利也可能會導致學生在某種程度上失去自主思考和創造的能力。

因此,教育者應正確指引學生合理地利用 ChatGPT 當作學習輔助工具。只要合宜的使用,可以帶來以下效益:

1. 因勢利導

　　介紹 ChatGPT 的運作方式和特點，教導學生如何選擇和使用適合的模型、設置正確參數等，從而幫助學生更有意識地使用 ChatGPT 於學習與研究中。

2. 激發創意

　　ChatGPT 提供多樣主題和領域的資訊，可激發個人的創意，透過與 ChatGPT 對話，引導學生思考更深入的問題，挑戰自己的想法，激發出更多的創意和潛能。

3. 建立風格

　　ChatGPT 透過分析個別的問題和反饋，為個人提供更貼合需求和學習風格的學習資源與建議，這是教師可以判別作業程度與真偽的途徑之一。另外，互動交流是學習過程中重要的一環，人際互動的豐富性和深度，也是教師不可替代的核心價值。

　　ChatGPT 的應用可以豐富教學內容，彌補教學資源的不足，並以其廣博的知識庫和互動對話形式，為學生提供

更好的學習體驗和學習成果。特別是對於那些無法取得優質教育的弱勢族群而言，ChatGPT 提供了平等的學習機會和資源。

對於不熟悉與不擅長事物的恐懼或抗拒，是企業與個人在面臨轉型時常見的瓶頸。在技術不斷迭代更新、趨勢不斷改變的環境中，如何強化自身的內核與外在環境進行關鍵對話，建立屬於自己的風格，是萬變中的不變。在這樣的思維下，ChatGPT 是教育者可以靈活運用的如意金箍棒，因為我們學會了持唸緊箍咒的技巧，就能在 AI 浪潮的衝擊下，擁有如如不動的坦然與開放。

換位思考、共生共好

「每次高速公路有爆胎的新聞，記者就會下標是使用翻新胎，但是你知道嗎？飛機的輪胎有 80％是使用翻新胎。飛機更重，速度更快，輪胎承受的衝擊荷載必然會更大。以波音 777 的輪胎為例，它的直徑為 134 厘米，重達 120 公斤，為了支撐住幾百噸的飛機以接近 300 公里的時速撞擊摩擦地面，其製造工藝必須符合極高的標準。」昇達輪胎黃世賢董事長的一番話，大大顛覆了我對翻新輪胎產業的認知。

翻新輪胎（retreaded tire）的發展歷史，幾乎和全新輪胎一樣悠久。在全球經濟大蕭條期間，翻新胎因其經濟性受到關注，隨後因新興的合成橡膠原料與加工技術的進步，使翻新胎更安全耐用且可靠，性能接近全新輪胎，銷售量增長達 500％。然而，新輪胎大量生產後的低價競爭，導致翻新胎需求逐年減少。

90 年代起，翻新胎採用結合電腦技術的先進設備，如超聲波和 X 射線技術，提升了安全性與使用壽命。重複使用的環保與節能價值，在強調減少碳排放與 ESG 精神的趨勢中，再次興起翻新胎的消費需求，使得目前歐美國家的卡車使用翻新胎市場普及率達 50%。

昇達輪胎擁有近 40 年的翻新胎製造技術和先進的製造設備，通過 ISO、VPC 認證，以及國防部軍品衛星工廠認證，在臺灣翻新輪胎市場居領先地位。作為中國最大、全球前八大中策威獅輪胎的臺灣總代理，昇達輪胎不僅在大型運輸車隊中廣受好評，也積極布局房車消費市場。

在輿論對翻新胎的刻板認知與低價輪胎傾銷的雙重壓力下，昇達輪胎也面臨了轉型的挑戰。在大環境因素無法改變的情況下，昇達以換位思考的方式，從企業、使用者與協力廠商的角度，重新建構了新的商業經營模式。

1. 以專業解決痛點

昇達輪胎提供企業以行駛公里數計價的輪胎整合服務模式（Cost Per Kilometer, CPK），根據統計，輪胎維護費用是僅次於油料的第二高費用，透過 CPK 承包服務，可

節省 23％的輪胎成本。昇達以核心專業技術，根據客戶實際使用的場景，調整配方與設計輪胎花紋，提供最適合的產品。此聚焦客戶使用需求，客製化的翻新服務，是批售輪胎無法提供的價值。根據實際數字統計顯示，CPK 能有效降低企業的輪胎營運與採購成本，為企業解決成本掌控的痛點。

2. 以共好整合資源

循環經濟強調以最大限度降低資源消耗、減少廢棄物產生，並將資源循環再利用，它強調資源的有效管理和循環利用，並實現經濟發展與環境保護的雙贏。昇達翻新胎提供環保、經濟和安全兼具的產品，它可以翻新多次，保留舊輪胎 90％的重量，並僅使用 20％的新材料。

在製造過程中，減少 60％的二氧化碳排放量，節省石油消耗，改善空氣品質，大幅降低廢棄物處理成本。同時，翻新胎價格比新胎便宜 30％至 50％，也具有經濟性價值。昇達在整體經濟生態系中，實踐了創新管理模式、環保公益理念，也為自己開創了新的生意之途。

3. 以同理共創價值

輪胎故障占道路救援比例的 47%，而預防性維護可以減少 50%可避免的緊急道路救援。昇達為提升輪胎整體使用價值，在輪胎的提供外，更進一步整合 82 個直屬服務據點，形成 0800 救車網，提供 24 小時即時救車服務，減少了貨物運送延誤時程，也提高顧客滿意度。這樣的整合，讓使用者有安心的後援，也讓 82 個提供服務的小蜜蜂據點，以共好理念相互支援，不用削價競爭、互踩紅線，也能有穩定的業績，維持生活品質。

看著昇達黃董事長名片上印著「輪胎整合專家」，我想，那不僅僅是一句企業口號，而是進行中的實踐力量。

從秤斤論兩到精菁計較

在雙師教學的課程中，我與第一集團的黃國芬副總共同進行了六週的課程。在一次課間休息時間，我向副總提出了一個問題：如今大家都在追求天然、無添加的保養品，一家化學原料公司進入保養品市場，是否面臨巨大挑戰？

我一邊問，一邊後悔自己的衝動，覺得這個問題太過尖銳和敏感。

然而，黃副總卻以沉著的態度回答了我，她說：「不會呢！我們的優勢在於穩定性。天然無添加是賣點，但在保存和使用過程中會增加很多變數，導致產品質量不穩定，這不僅無法實現預期效果，反而削弱了產品的功效。我們的產品經過專業比例的調整，保持了最穩定且最有效的特點。」這種對自己產品絕對自信的態度，讓我對第一化工的品牌產生了濃厚的興趣。

家族企業的傳承與轉型充滿挑戰，需要建立信任、溝

通、共識等良好關係才能順利轉移。然而，家族企業的特殊性質（如家族情感、經營理念、企業文化等）常與轉型目標衝突，因為轉型需要調整經營策略、產品結構和管理模式，很可能會觸動家族企業的核心價值和傳統，引起家族成員的反彈和抵制。

　　臺灣第一化工成立於 1963 年，是一家專門販售化學原料的批發商，主要商品包括硫酸、酒精、氫氧化鈉……等，當時臺灣的經濟剛起飛，基礎的塑化工業成為當紅產業。臺北市天水路有著「化工一條街」的稱號，聚集了十多家化工原料行，而第一化工的客戶範疇極廣，包括染整、電鍍、餐廳業者、研究實驗室等不同領域，提供的產品品項齊備，是國內數一數二的老字號化工供應商，但在產業環境變遷的驅力下，也不得不進行轉型。

1. 內功資料化

　　早期在家族企業中，大多數的產品資訊都是靠人工筆記和手寫記帳來管理，使得資料混亂無章。為了改善這個問題，第一化工將商品資料電腦化，將店內超過 5,000 種的原料，包括產地、功效、價格等資料，建立電腦資料庫，並

導入 ERP 系統，全面掌控商品資料，從庫存、銷售到會計都能掌握。cGMP 認證檢定，更能確保產品純度和工廠設計都符合衛生安全規範。知識資訊化讓商品陳列與配方組合都能快速搜尋，容易傳承並減少誤差，同時也奠定了快速展店的基礎。

2. 行銷風潮化

「如果化學原料在第一化工找不到，可能全臺灣都找不到。」這句話是牛爾在推廣保養品工具書裡提到的。作為當時最火紅的美容教主，他的 DIY 工具書大賣，吸引了不少消費者湧入，為第一化工帶來了可觀的商機。在疫情期間，第一化工也抓住機會，推出了乾洗手和舒緩緊繃的放鬆精油產品。在環保趨勢中，引入生活化學的概念，例如小蘇打粉在洗滌方面的功效被成功推廣。原料的多元使用，讓更多的化學原料進入了使用者的日常生活中，開拓多元市場。

第一化工的行銷與產品策略，完全符合市場商機的脈動，改革店面陳列方式，擺脫了原料行雜亂無章的印象，成功建立了「化學超市」的形象定位。

3. 原料精緻化

　　第一化工插旗保養品市場，將原料的價值提升到極致，從桶裝原料到精緻的化妝品，以高度的專業知識和技術，將原料轉化為具有高附加價值的化妝品產品，並與化妝品公司密切合作，進行研究和開發，將原料與先進的技術相結合，創造出具有創新性和獨特性的保養品原料，提供給合作客戶，並提供代工服務。透過不斷推陳出新，第一化工將原料的價值最大化，成為原料商與化妝品公司的橋梁，為整個產業的發展注入了活力。

　　第一化工深刻體認轉型的必要性，並在家族成員和諧分工的協作下，制定了適當的策略，形成了高效的團隊。成功地從傳統的家族企業轉型，維持了作為「原料專家」的核心優勢，繼承傳統、躍進現代，持續發光發熱。

故事探索，江湖築夢

　　對於中小企業或新創公司而言，資源限制是一個普遍存在的挑戰，無論在財務、人力還是技術面上，都可能面臨短缺，因此必須找到突破限制或轉化資源的方法，才能在競爭激烈的江湖中生存下來。產業新進者通常是以獲得創投公司的資金支持、建立與知名品牌的合作關係，或參與主流社群等常見方法來實現目標。

　　STORY 故事銀飾，2009 年創立於臺北，品牌名稱直接而充滿想像空間，寓意為記錄、紀念生活的故事而存在。然而，故事不總是那麼圓滿甜蜜，新進銀飾品牌在競爭激烈的市場中，無法和擁有百年歷史的國外品牌競爭，也無法和低價飾品市場抗衡。

　　在一場以「文創是門好生意」為題的演講會場中，與STORY 故事銀飾創辦人馬瑞謙總經理結緣，接下來的三次約訪，讓我能更深入的瞭解新創公司如何藉由幫襯定位，找

到生存路徑的故事。

1. 結合傳統展延故事長度

STORY 故事銀飾與日星鑄字行、百年林三益筆墨專家合作，將其在金工產業的豐富經驗，以創意與專業把沒落的傳統產業和歷史文化，轉化為富有故事性的文創藝術品，如USB、四大美人珠寶筆等，實現文化保存和傳承的目標。

這樣的產品設計不僅可以擴大市場，更能讓千年文化透過創意與設計，轉化為有形的文創產品，讓人們能夠在日常生活中輕鬆接觸和體驗，同時感受到美感背後的文化意涵。

2. 利用 IP 找到故事亮度

STORY 故事銀飾在創業初期，即與戲劇、電影業合作，並以快速反應的能力著稱。《青梅竹馬》、《我可能不會愛你》等戲劇上演時，STORY 故事銀飾與劇情緊密相連，適時推出周邊商品，隨著合作作品的成功，也提升了公司產品的銷售表現與知名度。

STORY 故事銀飾更將業務延伸至授權 IP 商品，透過與三麗鷗、白爛貓以及鬼滅之刃等火紅產品合作，將熱門 IP

轉化為具有商品化價值的產品，成為公司的金牛事業，占總營收的 80%。

3. 應用設計提高故事溫度

設計師的工作不僅是創造美麗的作品，更重要的是透過設計來傳達情感、解決問題和創造價值。當委託人表達他們的需求和目標時，設計師需要細心傾聽和理解，並將其轉化為獨特的設計風格和元素，以表達顧客所需的情感和氛圍，創造出有價值的設計作品。STORY 故事銀飾將設計的核心價值完整呈現在與顧客溝通和產品設計中，讓口碑行銷發揮長尾效應，持續增強其影響力。

在江湖中，武者與創業者之間有著相似的命運。練功者透過不斷的蹲下苦練，逐漸磨練出敏銳的反應和卓越的技藝；新創公司也在市場的洗禮中，學會了靈活應對，從挫折中獲取智慧。STORY 故事銀飾藉由正確的資源運用和策略，找到自己的定位，不僅成功擺脫了資源限制帶來的困境，也在市場中建立了自己的江湖地位，用商品的產出力訴說自己獨特的故事。

第七章

三意 AI 思創塾的心智與寫作旅行

- 三意 AI 思創塾的緣起
- 三意 AI 思創塾進行曲
- AI 如何協助思考
- 建構思考寫作草圖的必要性
- 編修與文學美學
- 三意 AI 思創塾對學生的影響
- 仁麟老師與三意
- 慶芳老師與 WMBA

關於作者

羅琬樺

東吳大學企業管理學系四年級學生，東吳大學「創創基地」進駐團隊隊長，以穿戴甲產業為研究主軸，立志推廣與拓展臺灣穿戴甲市場。

同時積極在美甲產業與酒類產業學習，曾任職酒商與行銷公司行政助理以及電子商務公司財務人員，專長於財務研究與專案管理。

課餘期間積極投入體育活動，曾為田徑與游泳項目選手，並在今年完成單車環島，目前在鐵人三項的競賽上持續進步。

WMBA 學習心得：與菁英同行

　　我非常幸運能和 WMBA 的學長姐們共同學習和成長，這個課程對我的眼界、人脈、知識都有著深遠的影響。

　　透過與不同背景和專業菁英的互動，使我接觸到許多領域的知識和觀點，這種多元性的環境，讓我能夠開拓思維，從不同的角度思考問題，並由大家的經驗和見解中獲益匪淺，大幅度地使我的眼界更加開闊。

　　學長姐的豐富經驗和深厚知識，使我對各行各業的發展和趨勢有了更深入的了解，也間接地在啟發和指導後，使我自身收益豐厚，並在自己的專業領域中有所突破。我想，這也是跨領域學習的驚人力量，透過多角度的思考與學習，潛在地內化成自身最珍貴的知識，並創造出意想不到的效益。

　　隨著課程中與各領域菁英的交流，共同創作和學習，也創造了我們更加緊密的聯繫與情誼。也許這就是緣份吧！特別感謝透過兩位老師人脈的結合，讓我有機會向大家學習。

這樣的接觸也激發了我對追求卓越和自我超越的欲望，透過與業界精英的交流，看到了他們的專業素養、奉獻精神和對工作的熱情，直接激勵我不斷學習和成長，不斷追求卓越，並努力成為一個傑出的專業人士。

大學教育常常無法對於實務世界有太多探索，這也是除了課綱以外，我們應該對個人未來進一步探討的部分。不論是跨領域的新知學習，亦或是人脈資源的管理與建立，都讓我在這三個月的學習後，特別感謝當初勇於跨出領域、接觸新事物的自己。

「三意 AI 思創塾」帶給我的，不僅僅是寫作技巧的提升，也分享了仁麟老師和慶芳兩位老師和每一位學長姐的寶貴經驗，從設計產業、人文產業到在地創生等等領域的認識，還有搭載 AI 科技的技術與實際應用、對於個人的知識與想法成長、人脈資源的提升等等不可勝數的收穫。

期待未來更多的青年學子與各界菁英，在忙碌的生活之餘，透過這個機會靜下來，對個人以及領域進行深入的研究與反思，人文與文學的精髓。這是傳承知識的結晶，也是每一步成長的記憶點，WMBA 讓我們在回歸夢想以及目標時，能夠更加堅定地走向更好的未來。

三意 AI 思創塾的緣起

　　「三意 AI 思創塾」由吳仁麟老師與李慶芳老師於 2023 年共同創立。

　　源於學生寫作論文時的困難與痛點，以及對於寫作力提升的需要，兩位老師計畫透過開設寫作班指導博士生完成論文，以改善論文產出耗時耗力的困局，協助遲遲無法著手動筆的學生。

　　這時，一個驚天動地的發明引起了全球的關注，那就是 OpenAI 公司所推出的 ChatGPT。

　　ChatGPT 是人工智慧技術的其中一種應用，透過輸入文字，產出文章、歌詞甚至是程式語言，提供使用者更有效率的獲取知識並製作作品。ChatGPT 在發布後短短五天內，就達到了一百萬個使用者，這數字在一個月後甚至提升至一億。它不僅掀起了全世界對於 AI 議題的興趣，也很快的解決了兩位教授的教學困難。

　　透過吳仁麟老師耗時三個月在 ChatGPT 上的研究，三意 AI 思創塾在 2023 年 3 月終於開辦了。作為一個應用人工智慧技術的寫作輔助計畫，三意 AI 思創塾在寫作教育領域中，發揮了很重要的作用，除了利用 ChatGPT 讓文章產出更加容易外，也融入了兩位老師於寫作技巧上的知識，提升了文章的質量。

　　當然，AI 技術並不是萬能的，吳仁麟老師說：「ChatGPT 雖然簡化了寫作上的困難，卻同時使專業寫作者喪失優勢，未來是個連文盲都能寫文章的時代。」

　　所以，學術研究者自然需要不斷地學習和提高自己的寫作能力，才能在 AI 技術的幫助下，更好地發揮自己的優勢，並且創造更優秀的文章。

　　因緣際會下，我以助理的身分協助三意 AI 思創塾，全因為吳仁麟老師的一通電話，我的大學生涯就此開創出一條全新的道路。

　　對我而言，三意 AI 思創塾不僅僅是寫作面向的學習，更多的是學怎麼問問題、學怎麼學習，作為一個大學生，脫離固有的課綱後，要學什麼、怎麼學才是最重要的關鍵。

　　或許許多人會認為，AI 的發明扼殺了學生成長的潛力，

不過我不這麼認為。

從過去查找多個網路資料進而彙總、分析，到現在從單一窗口得到資訊並且整理，其中所需從事的行為模式其實是相似的，只不過節省了更多的時間。隨著 ChatGPT 不斷更新及進步，吳仁麟老師也提到：「這種生成型 AI 工具，對我們未來的最重要改變，是深度學習比較重要？還是廣度學習比較重要？」我想，這個問題的答案，就藏在大家的作品裡。

很慶幸自己能在學習階段，搭上了這艘 AI 科技的快艇，AI 技術很大幅度的提升了自己的學習效率。讓我能夠將編修文字、排版的絕大部分時間及精力，用於議題本身的發想，或進行更為深入、更多面向的探討及研究。

透過「三意 AI 思創塾」課程的學習、練習，搭配大家源源不絕的資料與心得的分享，也讓我更加有系統的學習該怎麼學習。

三意 AI 思創塾進行方式

2023 年初，「三意 AI 思創塾」在吳仁麟老師與李慶芳老師的談話中誕生了，意在提升學生們的寫作力，並增進其完成論文的效率，決定首次以邀請制開辦「三意 AI 思創塾（WMBA）」這堂為期十週的寫作課。總計共有六位博士生報名，並連同兩位老師與一位助理，預期在課程結束後，出版全世界第一本探討以 AI 共創、共思、共寫的書籍。

善用慶芳老師所謂「千鯨法」的寫作方法，我們將在為期十週的課程中，每人每週分別完成 1,000 字的進度，並預計在課程結束後，產出共計 80,000 字的作品。透過參與者在各自領域的見解與知識，除了能使所用領域更佳廣闊外，也將各個領域的精髓，以淺顯的文字表達。

不同於常規中單一面向的教授課程，「三意 AI 思創塾」更著重於師生間的討論與共學，透過每次各自問題的回

饋與討論，我們每一個人都站在第一線的角度，學習如何運用 ChatGPT 這樣新興的工具，而常規的進行方式如下：

參與者首先透過向 ChatGPT 大量投食內容，接著透過問題得出其所需的答案，爾後再進行人工的編修與美化，進而將各自研究領域製作篇章。文章初稿成形後，透過群組提交吳仁麟老師與李慶芳老師，進行修正的建言回饋，最後再進行個人的校正，進而產出最終完整的文章。

或許你會有這樣的疑問：AI 寫的文章，還算是個人的產出嗎？但我認為，「三意 AI 思創塾」最主要解決的是學生對於有素材卻無法快速書寫的痛點，因此，我們著重的是使用其編排與整理的能力，而非一昧地將問題拋向對話框，最終的產物仍舊是經由各自經歷而得、有因有果的產物。

授課內容除了文章上的指教，我們也會進行每週兩個小時的遠距課程，由兩位老師對於寫作技巧的提升進行授課，課程中，李慶芳老師主要負責寫作技巧上的提升、寫作工具的介紹，如透過「三元結構」，將雜亂的文章與思緒進行文章破題、點出亮點與回饋反思，進而將架構勾勒明確，使作者能更有邏輯的組織文章；而吳仁麟老師主要進行個案的探討，如阿原肥皂的介紹，以及其如何透過善用「三意」理

念，回饋給臺灣這塊美麗的田地。

透過兩位老師提供的工具和技巧，搭配不斷的建言與回饋，有效的協助學生更好地完成寫作任務。而「三意 AI 思創塾」的目的，便是讓學生透過寫作，不斷提高自己的表達和思考能力，並在學術領域和其他領域中取得更好的成果。

作為一位大學生，ChatGPT 的出現早已大幅度改變了我們的生活，隨著 OpenAI 公司允許第三方開發者利用該 API 進行網站與服務的開發，AI 相關的軟體更是如雨後春筍般出現。作為一個資訊的接收者，我們可能沒辦法改變其出現的事實，也沒辦法對於其負面影響做過多的評斷，不過透過不斷的學習與了解，至少我們能更大幅度的瞭解這項工具，並透過有效的運用其知識，來優化學習效能。

「三意 AI 思創塾」是一個相當好的資源，透過課程，除了可以組織性的學習到有價值的寫作技巧和工具，更可以取得與各領域的專業人士學習甚至是交流的絕佳機會。

AI 如何協助思考

2023 年 3 月 15 日，ChatGPT-4 在各界的注目下誕生了。進化版的 GPT 不僅提升了速度、效率以及能力，甚至能透過不具備任何文字的圖片進行解讀及分析，很快的，這樣的技術可能也會拓展到聲音、影片甚至是嗅覺。

面對這樣不斷成長的科技，我們或許無法站在第一線去設計以及改變這個趨勢，不過我們卻可以搭上這艘科技的快艇，乘載我們的思想至下一個層次。

ChatGPT 是一個語言模型，它可以透過學習大量的語言數據，從中提取出語言的結構和規則，並生成具有合理語法和語義的文本。

在功能上，ChatGPT 則能透過單一詞句，衍生出更多的想法及相關資訊，就像是由任一中心點不斷拓展的心智圖，藉由不斷的衍生思考，能以更加全面的視角去審視當初的中心點，甚至進一步補充資訊以及例證。

在 AI 的協作下，當我們提出問題時，ChatGPT 將透過理解問題的語義和上下文，生成合理的回答。根據報導指出，升級版的 GPT-4 甚至能在統一律師資格考中，拿下高達 90 的 PR 值成績，可見在單一領域的問答上，AI 的成績可能已經勝過大部分的自然人了。

除了基本的問答，ChatGPT 也能更進階的生成文本，作為啟發人們思考的素材，這樣的功能同時也大幅度的被運用在製作報告及撰寫心得上，可以說是這個世代學生們的一大福音。教育界為了因應這樣的工具，也紛紛提出許多指南。

以臺灣大學為例，特別建立一專頁詳述「針對生成式 AI 工具之教學因應措施」，藉此提醒學生們避免過度依賴等注意事項。

除了對於個人能力訓練的影響，臺大也指出 ChatGPT 可能會產生一些不正確或模稜兩可的答案，學生應自我判斷其真實性。又，由於 AI 生成內容的資料來源是無法回溯、取得或提供直接連結的，若學生要以此生成報告，應明確標示其為 ChatGPT 生成產出，以避免違反著作權及學術倫理。

針對以上議題，仁麟老師表示：「科技是工具，主體則是使用工具的人。」而慶芳老師則認為：「ChatGPT 就像一輛會寫作的跑車。」

　　ChatGPT 作為一個強大的語言模型，可以協助人們進行思考，提供新的思維和觀點，並激發人們的創造力。而人們可以透過閱讀 ChatGPT 生成的文章、故事、詩歌等文本，了解不同的觀點和想法，進而拓展自己的思維和視野。

　　我們乘載於 AI 工具之上，並利其器，才能在這個萬變的世界乘風破浪。

建構寫作草圖的必要性

　　AI 之於作家，好比美感之於藝術家，當我們握有相同的工具、主題及知識時，如何更清楚的表達出來才是關鍵。為此，則回歸到美學本體的重要性。

　　你可能有過這樣的經驗，美術課上，同學們使用相同的資源及材料，最後的成品卻往往不盡相同，特別是素描，同樣都是陰影的塑造，為何別人的成品總是更加寫實？其實寫作也是如此，功力高的人，往往能善用 AI 這項利器，創造出更高層次的作品，因此在「三意 AI 思創塾」這堂課，也特別著重於基礎功力的提升，而非只是內容的修飾。

　　由此也衍生出建構寫作草圖的必要性。使用 ChatGPT時並不應只是問問題，倘若你對於今天的穿搭有疑問，就不應該只是提出「我今天要穿什麼」這樣籠統的問題，而是更深層、具體的描述：「作為一個社會新鮮人，比如假設今天要進行一場正式報告，我應該穿些什麼比較恰當？」並在其

回覆後，不斷的對於細節追問，例如款式、顏色等。

　　於此，也可以善用提問指令邏輯，包含提出主題、書寫面向以及細節，使其在格式相近的情況下產出文章。

　　這樣的建構，也在文章的組織邏輯中扮演同樣重要的角色，就像仁麟老師提出的「131 社論寫作法」，透過一個主題，進行三個不同的論證，最後再藉由一個觀點收尾。舉例而言，在「AI 對於人們生活型態的改變」主題下，可以透過「商人的觀點」、「教授的觀點」、「青年的觀點」進行論述，並在三個視角下交集之處作總結，以完整的表達立場及想法。

　　慶芳老師也在寫作上提出了「QAR」的相似組織架構，透過一個主題破題，點出三個亮點，再進行反思論證，將單一事件的前因後果交代更加清晰。

　　透過結構化思維，將問題拆解，藉由延伸及碰撞產出更多的可能。其實在寫作這條路上，你我都可以更有效率的產出文章以及書籍。

　　於我而言，這樣建築草圖的建立，也在現實生活中創造了許多效益，透過課程的進行，冥冥之中我也逐漸感受到了個人思考邏輯上的改變。

　　於職場上，透過建立清晰明確的目標，並將每個步驟細分出來，不僅可以提高工作效率，更能使自己的想法清晰且易於理解。於人際關係上，建立草圖也能幫助我們更好地表達自己的想法和立場，進而增強溝通能力，避免不必要的誤解和矛盾。

　　因此，建立建築草圖不僅僅是寫作的技巧的基礎，更是一種思考方式，可以幫助我們在生活的各個方面，更加自信地展現自己。

編修與文學美學

　　隨著白話文運動的演變，文學正在經歷著一場深刻的變革，這場運動催生了對於事物與手法的簡單化，使得固有的文字美學逐漸消失。

　　傳統上，文字美學注重文學作品的表現形式、修辭手法和語言的藝術性，講究華麗的詞藻、修飾的句式和細膩的描寫，然而，隨著社會的變遷和溝通方式的改變，人們更加追求直接、清晰和易懂的表達方式，導致傳統的文字美學逐漸被置於次要位置。

　　為此，有一說為「人們看得懂的文章，才是好文章」，然而，是否因為人們對於文學逐漸的不重視，使得如今產出的書籍與文章已大不如前？或許身處此世代的我們，都要為此付出一些責任，身為「搶眼球」文章下的接收者，亦或是扼要網路文章的觀眾，我們對於事物的耐心已逐漸喪失，也進一步的加速文學美學的流逝。

　　這種變化並非完全消極，它反映了時代背景下對於有效溝通和資訊傳達的需求，使得更多人能夠理解和參與文字的交流。因此，此一變革並非單純的降低水準，而是在追求傳達的效果和理解的便利之間尋求平衡。

　　然而，我們依舊不能忽視其重要性，它是文化傳承和人文價值的體現，它賦予文字以藝術性和情感共鳴，並啟發人們的想像力和創造力，使得作品更加豐富、深邃和有趣。

　　儘管白話文的流行，仍有許多人努力保護和傳承傳統的文字美學，以確保文學、詩歌和其他文學形式的多樣性和豐富性。

　　簡言之，我們應該持開放的態度對待，以適應和理解這種變化，同時在書寫中保留一些傳統的文字美學元素，選用恰如其分的詞彙、運用得體的修辭手法，以及創造豐富的意象和比喻。這樣的努力，可以使我們的文字更具藝術性和深度，同時又不失清晰和易讀性。

　　ChatGPT 產出的文章，常常是精簡而客觀的，透過指令的輸入、篩選與產出，多半時候都只是一份報告式文章，因此儘管 ChatGPT 等自動化生成文字工具在產出內容的速度和準確度上具有優勢，人為的編修仍是無可取代的。

人生因情感而豐富、故事因情感而生動，在文字創作中，情感是一個重要的元素，它賦予作品情感共鳴的力量，使讀者能夠真切地感受到作者所表達的意境和情緒。

　　我們可以透過對文字進行修辭手法的運用和情感元素的注入，來實現精實而生動的編修，其中包括比喻、隱喻和象徵等能夠豐富文字的意境和表達效果，使得作品更具詩意和感染力，或藉由情感元素的注入、描繪情感經歷、展示人物內心世界等，這些元素能夠使文字更加生動、真實且引人入勝，使讀者與作品產生共鳴和情感連結。

　　此外，人為的編修還可以根據具體的寫作目的和讀者需求，進行適當的調整和擴展。不同的寫作類型和目的，需要不同的語言風格和情感表達方式，站在書籍出版角度而言，即將觀點放在讀者身上，試想如何透過他們的角度，使文章更具說服力，或是更引人入勝。

　　文字美學的變化與重要性之間，應存在著一種動態平衡，透過簡潔易懂和藝術性表達之間尋找共存的可能性，不僅保留文字美學的價值，同時也讓文字能夠更好地傳達訊息、觸動情感和引發思考。

三意 AI 思創塾對學生的真實影響

　　此次參與的六位學生，皆分別對各領域的學習做研究，在課程進行約一半時，其中一位學生尤其對課程的實質受益有清晰的感受，因為其職業的關係，我們都尊稱她為張老師。

　　在一次的課程分享中，張老師特別指出了她在訪談研究中的感觸，從三意 AI 思創塾課程前對於訪談與編撰文字的不熟悉，到訪談結束後源自於受訪者的鼓勵與讚譽，甚至希望將她的文章放上公開平臺，分享給更多人看到，她清楚的感受到個人於寫作技巧的成長，並欣喜的向三意 AI 思創塾的夥伴分享。

　　身為將此課程作為研究主題的第三者而言，我對於這樣的反應相當感動。你們是否曾認真思索過文字的奧妙？是否曾細心觀察過臺灣教育體制下，對於中文本身的講究程度？陪伴大部分學生度過中學生涯的補習街，以及滿街的英語、

專科補習班，卻鮮少對於中文有明確的開班授課。

　　文字作為人類知識的傳承，承載了一個社會在變遷與進步的智慧結晶，文字世界的寬廣卻常礙於效益有限的劣勢，被人們拋諸腦後。仁麟老師也坦言，他曾致力於研究如何將文字變現，並且公開的開班授課，然而參與人數與效益，卻往往不及預期。

　　隨著科技的發展，我們已經進入了一個數位時代，即便是在日常溝通中，人們皆更傾向於使用口語化的文字訊息，漸漸地失去了寫作的細膩和語言表達的能力。隨著新興媒介，如網路文章、社交媒體等等的介入，人們往往關注那些受歡迎或者經濟效益高的文章和媒體，而忽略了更多的智慧與知識本身。

　　這樣的問題同樣源自於教學體制對文字的不重視，現今，學校課程大多專注於考試成績，而不是真正的學習，對於文字教育的重視也越來越少，導致許多人的閱讀和書寫能力逐漸喪失。對於學生而言，也常將重心放在應付考試的學習，而非為了尋求知識和智慧的好奇心。

　　或許你我都須為此承擔一些責任，當我們汲汲營營於金錢與權力的追逐，或多或少忘記了要放慢腳步審視自我與

這個社會。為此，除了跨領域的學習外，我們也應對於培養文字能力著手進行強化，增進閱讀和理解不同文字形式的能力，並且增強深度表達與敘事的功力。

文字的變革和演進不可避免，但我們仍然需要繼續傳承和推廣智慧與知識，讓人們在這個不斷變化的社會中，獲得更多的啟示和收益。

在這樣的背景下，三意 AI 思創塾作為一個專注於文字編撰的學習機構，其開授讓我們有機會重新思考文字的奧妙，以及如何透過文字來傳達我們的想法。因此，我由衷地感謝兩位老師，經過約莫兩個月的努力，我們終於透過課堂回饋，感受到學生們的實質成長以及受訪者的真實反饋。

我想，在具備文字組織表達能力的內顯知識下，成功撰寫論文的參與動機，似乎早就不那麼重要了。

仁麟老師與三意

因為參加東吳大學創創基地的活動，我認識了擔任業師的吳仁麟老師。創創基地是東吳大學的新創孵化器，也是學習創新和創業的教育場域。創創基地也像一個媒合平臺，透過各種交流，對接資源創造價值。

吳仁麟老師是資深媒體人，曾經擔任記者和媒體的高階主管、經營策略智庫和首席文膽，不僅對媒體生態相當熟悉，也在媒體創新工作有相當的經驗。到今天，他仍然不斷採訪和寫作，在《經濟日報》的「點子農場」分享各種創意創新創業的好點子，一寫就是三十年。也在一次次的採訪中廣結善緣，傳達他以創意來推動公益和生意的「三意」理念。並且定期在他所創辦的「不動書院」，邀請三意人菁英好友來交流聚會，大家分享美食美酒，同時也利用各種資源來培育年輕的創業家。

有一次，在大稻埕舉辦的「三意人書房」活動裡，吳仁

麟老師邀請了時報出版社趙政岷董事長與數位治理協會陳春山理事長，進行了兩個小時的議題分享與交流，來賓都是來自產、官、學各界的菁英。

在臺灣教育體制下成長的我們，從小被教導「少說話、多做事」，常常在無形中扼殺了許多學習的機會。透過此次活動，我才深刻感受到交流的力量有多麼強大，提問、回答、延伸、發想，所獲的資訊量遠遠超過主題本身，並且更為親切及貼切。

仁麟老師也和好友李慶芳老師共同創辦了「三意 AI 思創塾」，以 AI 科技來協助學生思考和寫作。除了使用 AI 和寫作技巧的指導，他也結合了業界案例，使其論證更加容易理解，例如實用的 131 社論寫作法、格拉威格的風格研究等。透過這些工具，學員能夠將雜亂的想法更具系統性的組織，並且更有效地表達自己的觀點。此外，仁麟老師不斷推行的「三意」理念，也同樣在課程中扮演重要的角色。

「三意」理念起源於 2009 年，仁麟老師開始在各媒體平臺不斷寫作推廣。每次在「三意 AI 思創塾」活動裡，仁麟老師與慶芳老師都會特別對談三意，將創意、公益及生意做更加深入的討論，希望藉此改善企業對於營運上的檢視。

「三意」的概念如同 ESG，是一種商業模式依循指標的方針，而此一指標不只關心企業營運，更在乎對社會發展的關懷，也用創意、公益及生意這三項指標環環相扣，深刻的影響企業發展。

仁麟老師將「三意」理念導入三意 AI 思創塾，希望利用這樣的工具，協助學員在進行寫作時，能夠更加全面的分析各自的專業議題，進而協助每個學員成長。

仁麟老師在過去 13 年的時間，致力推廣三意，從 2023 年起更深化的結合更多資源來發展，除了持續在《經濟日報》以「點子農場」專欄分享國內外創新、趨勢及新知的故事，也利用各種合作更深化臺灣人對於創意的應用及實踐，並用創意去推動公益和生意，也讓公益成為好的生意，三者形成一個善的循環。

經過這麼多年的時間，仁麟老師仍在一直努力讓更多朋友認識並認同三意的理念價值，也讓臺灣更創新更多元。

慶芳老師與 WMBA

藉由此次的契機，我結識了學術界另一位資深的教授
——李慶芳老師。慶芳老師除了在教學上精益求精，也不斷
在個人部落格中分享自身的研究內容與反思心得。其內容不
僅囊括慶芳老師在量子管理上的深入研究，對於寫作的精
闢見解與分析，還有不斷隨著三意 AI 思創塾課程更新的內
容，與 ChatGPT 操作守則等。

慶芳老師以企業管理為本科背景，並在職場上不斷提升
自己的管理學知識，他不僅出版了多本管理學教科書，還透
過多年的學習，提出了「**量子管理**」的概念。

慶芳老師坦言，隨著時代的變遷，傳統的管理學已經不
再適用於現代企業，特別是在創新組織和扁平化管理的新型
商業模式中。傳統管理學建立在牛頓力學的基礎上，以向下
管理為基礎，假設一切都是可預測和可控制的。然而，量子
物理學則提出了截然不同的概念，以測不準原則、觀察者效

應等，表明許多事物是不可預測的。

　　量子管理認為許多事情不能用標準作業程序（SOP）來管理，包括生命、內在和意識等因素，因此，量子管理的概念，從意識共振和調頻的角度出發，當頻率調整到適當的狀態時，結果也會相應地達到理想狀態。

　　簡而言之，量子管理著重於人的狀態管理。慶芳老師舉例說，在每堂課之前，他都會進行一個自我檢視 Check-in 的動作，確保自身進入了教學狀態，並以謙卑的態度和學生互動，而非「上位者」的身分出現。這種思維也反應在許多上班族的工作模式中，他們可能會以一杯熱咖啡或打開行事曆確定一整天的工作項目，作為開啟工作的第一步。

　　這種量子管理的概念，強調了人的內在狀態對於工作和學習的重要性。我深受慶芳老師的啟發，開始意識到自己在進行工作、學習或運動時的狀態管理，好比說在寫作期間，關閉身邊任何可能干擾的物件，或是透過不同的音樂類型，使身心沉浸於健身的狀態。

　　慶芳老師的量子管理觀念，不僅改變了我對管理學的看法，也啟發了我對自身狀態管理的重視，這種思維方式讓我更加注重內在的平衡和意識的提升，從而在工作和學習中獲

得更好的成果，我深信這種以人為本的管理方式，將在現代企業和學術界發揮重要作用，並帶來更多的創新和成功。

透過 WMBA 品牌化，並以與 AI 協作為核心理念，透過每週的分享與共學，協助學生進行論文寫作的訓練。慶芳老師説，過去指導學生寫作論文時，抄襲、想法無法轉化成文字等問題總是層出不窮，因此希望透過 WMBA 這種更加專業的方式，指導學生按部就班地完成寫作任務。

作為出版許多專書與教科書的作家，慶芳老師對於寫作也有一套獨特見解，於課程中，提及他經常使用的心智圖思考模式，不同於一般的開放性思考，更結合了自身的 QAR 寫作技巧，將議題的延伸做到更精確、更全面的思考。

課程中，慶芳老師更將 ChatGPT 比擬成一輛「寫作的跑車」，如字面所言，它能夠大幅度縮短寫作時間，提升寫作效率，並藉由多元觀點，擴展作品的思維框架，使文章例證更加完整，最後再加入個人觀點與修正的微調，即可快速地完成一篇完整且精實的文章。

透過多年的研讀與教授，慶芳老師在管理與寫作的貢獻無可比擬，正是憑藉著他們的貢獻，作為後輩的我們才能在這些知識基礎上超越前人，發揮更大的影響力。

AI 時代的思考與寫作

三意 AI 思創塾 (WMBA) 的思索與實踐

總 策 劃／吳仁麟、李慶芳
美 術 編 輯／孤獨船長工作室
責 任 編 輯／許典春
企劃選書人／賈俊國

總 編 輯／賈俊國
副 總 編 輯／蘇士尹
行 銷 企 畫／張莉滎・蕭羽猜・黃欣

發 行 人／何飛鵬
法 律 顧 問／元禾法律事務所王子文律師
出 版／布克文化出版事業部
　　　　　臺北市中山區民生東路二段 141 號 8 樓
　　　　　電話：(02)2500-7008 傳真：(02)2502-7676
　　　　　Email：sbooker.service@cite.com.tw
發 行／英屬蓋曼群島商家庭傳媒股份有限公司城邦分公司
　　　　　臺北市中山區民生東路二段 141 號 2 樓
　　　　　書虫客服服務專線：(02)2500-7718；2500-7719
　　　　　24 小時傳真專線：(02)2500-1990；2500-1991
　　　　　劃撥帳號：19863813；戶名：書虫股份有限公司
　　　　　讀者服務信箱：service@readingclub.com.tw
香港發行所／城邦（香港）出版集團有限公司
　　　　　香港灣仔駱克道 193 號東超商業中心 1 樓
　　　　　電話：+852-2508-6231 傳真：+852-2578-9337
　　　　　Email：hkcite@biznetvigator.com
馬新發行所／城邦（馬新）出版集團 Cité (M) Sdn.Bhd.
　　　　　41，JalanRadinAnum，BandarBaruSriPetaling，
　　　　　57000KualaLumpur，Malaysia
　　　　　電話：+603-9057-8822 傳真：+603-9057-6622
　　　　　Email：cite@cite.com.my
印 刷／韋懋實業有限公司
初 版／2023 年 9 月
定 價／380 元
I S B N／978-626-7337-54-7
E I S B N／9786267337554(EPUB)

城邦讀書花園　布克文化
www.cite.com.tw　www.SBOOKER.COM.TW